U0135043

瑪莎・葛森 Masha Gessen——著　陳雅雲——譯

PERFECT RIGOR: A GENIUS AND THE MATHEMATICAL BREAKTHROUGH OF THE CENTURY

消失的天才

完美的數學證明、
捨棄的百萬美元大獎，
一位破解百年難題的數學家神祕遁逃的故事

目次

序言

一個百萬美元的難題

數目，就像具有魔力般令人著迷，而數學家則特別擅長賦予數字意義。二〇〇〇年，一群世界頂尖的數學家齊聚巴黎，召開一場在他們心中具有重大意義的會議。他們利用這個場合審視數學領域，討論純粹的數學之美：一個能為所有人了解及欣賞的價值。他們花時間互相恭維，最重要的是暢談彼此的夢想。他們也一起設想未來數學成就的優雅、實質與重要意義。

這場千禧年會議（The Millennium Meeting）是由非營利性機構克雷數學研究所（Clay Mathematics Institute）召開，這個研究所的創建人是波士頓商人克雷（Landon Clay）與他的妻子拉維妮亞（Lavinia），目的在於推廣數學觀念，鼓勵數學家探討數學。在成立的兩年間，克雷數學研究所在麻薩諸塞州劍橋市（Cambridge）哈佛廣場（Harvard Square）外的一棟大樓，設立了一個美觀的辦公室，並且頒發了一些研究獎項。其後，他們又針對數學的未來擬定了一項抱負遠大的計畫，正如以證明費馬最後定理（Fermat's Last Theorem）聞名於世的英國數論學家懷爾斯（Andrew Wiles）的解釋，他們打算「記錄二十世紀最具挑戰性且我們最期望能解決的難題」，「我們不知道它們會在何時如何解決：有可能要等五年，或者可能一百年。但我們相信解決這些難題，可以為數學發現與景象開創全新的局面」。

於是克雷數學研究所彷彿在編織數學童話般，提出七大難題（在許多民間傳統中，「7」是具有魔力的數），並為每道難題的解答懸賞一百萬美元的高額獎金。數學界的王者開始在授課時，總結這七大難題。二十世紀最具影響力的數學家之一阿提雅（Michael Francis Atiyah），開始簡述一九〇四年龐加萊（Henri Poincaré）提出的「龐加萊猜想」（Poincaré Conjecture）。這道難題是數學拓樸學領域的經典問題。「許多著名的數學家都曾經研究過，但都未能解決。」阿提雅陳述：「歷來出現過許多誤謬的證明。許多人嘗試解答並犯了錯。有時是他們自己就發現了錯誤，有時是他們的朋友發現的。」聽眾聽了開始笑，顯然其中至少有些人曾在嘗試解決這道難題時犯過錯誤。

阿提雅提出解答有可能來自物理學。「這是無法解決這道難題的老師，為試圖解決它的學生提供的一種線索，一個暗示。」他開玩笑說。[1]聽眾中的確有幾個人正在研究這道難題，希望能夠更早攻克「龐加萊猜想」。但沒有人認為解答會很快出現。有些數學家在研究著名的問題時，的確會隱瞞自己全神貫注的對象，如同懷爾斯研究費馬最後定理時的做法，但是一般而言，他們在研究上大多會設法跟別人並駕齊驅。此外，儘管在這場千禧年會議之前，每年多少都有一些人提出關於「龐加萊猜想」的推定證明（putative proof），距離最近的重大突破卻是在一九八二年，美國數學家漢米爾頓（Richard Hamilton）為解決這道難題設計了一個藍圖，那已是將近二十年前的事了。然而，漢米爾頓隨後發現他為找到解答所做的計畫，亦即數學家所謂的綱領（program），很難執行，而其他人又無法提出可靠的替代方法。「龐加萊猜想」可能像克雷數學研究所提出的其他千禧難題一樣，永遠無解。

解決這七大難題中的任一題，都會是偉大的成就。每道難題都承載著數學家數十載的研究光陰，其中有許多人在努力多年後，直到過世都無法找到解答。「克雷數學研究所真的想傳達一個明確訊息，亦即數學之所以珍貴，主要就在於這些超難的難題，它們就像數學界的埃弗勒斯峰或聖母峰。」同為二十世紀數學巨擘的法國數學家孔恩（Alain Connes）曾說：「首先，要抵達山巔就極度困難，甚至可能賠上性命或付出其他類似的代價。但是當我們抵達山峰時，眼前的視野肯定令人讚嘆。」

即使在可見的未來解決任一道千禧年難題的可能性都極低，克雷數學研究所仍針對每個獎項的頒發規畫了明確的計畫。他們規定所有難題的解答均須在有審查制度的期刊上發表，當然這也是一般期刊的標準做法。在發表出版後，必須等候兩年，讓世界各地的數學家檢視，並就其正確性和作者權達成共識。然後他們會任命一個委員會，負責推薦受獎人。唯有經過這些程序後，克雷數學研究所才會頒發百萬美元的獎金。懷爾斯估計至少要五年才會有人提出第一個正確解答，假定任一道難題真正被解決的話，因此這個程序看起來一點也不麻煩。

二〇〇二年十一月，才過了兩年時間，就有一位俄羅斯數學家把「龐加萊猜想」的證明貼在網路上。他不是第一個宣稱已經證明「龐加萊猜想」的人，甚至不是**同年**唯一一個在網路上張貼這個猜想的推定證明的俄羅斯人，但他提出的證明最後確認是正確的。

然而，其後的事情並未按照克雷數學研究所或任何數學家會視為合理的計畫進行。這位證明了「龐加萊猜想」的俄羅斯人名叫格里高利・佩雷爾曼（Grigory Perelman），他並未在有審查制度的期刊上發表自己的解答，也不願仔細研究或甚至審閱其他人針對他的證明所做的論述。他拒絕了世界一流大學提出的許多工作邀約，也拒絕領取原訂在二〇〇六年頒發給他的數學界最高榮譽「費爾茲獎」（Fields Medal）。然後，他基本上斷絕了與全球數學界及大多數同事的聯繫。

佩雷爾曼的奇特行為引起人們對「龐加萊猜想」及其證明的注意，在其他數學故事上可能都不曾見過這樣的發展。等著佩雷爾曼領取、前所未見的高額獎金，還有兩位中國數學家宣稱他們才是真正證明「龐加萊猜想」的人，以至於突然引發的剽竊爭議，也助長了各界的關注。人們對佩雷爾曼談得愈多，他露面的時間似乎愈少；儘管他仍長年住在聖彼得堡的公寓，但到最後，連一度與他熟識的人都說他已經「消失」。他偶而會接電話，但只是為了聲明他希望外界視同他已經不在人世。

我剛開始撰寫本書時，希望找到三個問題的答案：佩雷爾曼為何能解決「龐加萊猜想」，首先，他的心智與過去所有數學家有何差異，為什麼他能解決這道難題？其次，他後來為何拋棄了數學，甚至幾乎到拋棄整個世界的地步？最後，克雷數學研究所的獎金應歸他所得，也肯定有助於改善他的生活，他會拒絕接受嗎？如果會的話，原因為何？

我撰寫本書的方式跟一般傳記的做法不同。我沒有深入訪談佩雷爾曼。事實上，我完全沒有與他交談過。等我開始撰寫本書時，他已經跟所有記者和大多數人斷絕聯繫。這使我的工作變得更加困難，因為我得想像一個未曾謀面的人，但這也讓這項工作變得更加有趣：就像進行一場研究。幸運的是，大多數曾經與佩雷爾曼親近且熟知「龐加萊猜想」故事的人，願意接受我的訪談。事實上，有時我覺得這比描繪一個合作的故事主人翁還容易，因為我想寫的並不是佩雷爾曼本人敘述的故事及他對自己的看法——而是想找出真相。

註釋

1 關於千禧年會議的描述和引述出自 *The CMI Millennium Meeting*, documentary, directed by François Tisseyre (New York: Springer, 2002)。

第一章 逃入想像的世界

唸過小學的人都知道，數學跟宇宙中的其他事物都不同。事實上，每一個人都體驗過一個抽象概念突然變得有道理時，心裡那種頓悟的感覺。儘管國小算術之於數學，就像拼字比賽之於小說創作藝術一樣，但是想像了解胚騰（pattern）的渴望，以及使一個謎樣或違反規律的胚騰符合一組邏輯規則時，那種如孩子般興奮的感覺，向來是所有數學的推動力。

這種興奮感大多來自數學解答的單一本質；正確答案只有一個，這也是大多數數學家視數學為一確鑿、精準、純粹和基本的領域的原因，即使精確來說，它其實並不能稱之為一門科學。科學的真理是經過實驗證明的。數學的真理是經由論證證明，因此它比較像哲學，或甚至更接近法律，因為法律這門學科也假設單一真理的存在。其他的自然科學存在於實驗室或實地現場，由一大群技術人員負責，而數學卻存在於一個人的心智裡。它的生命泉源是會使數學家輾轉反側、因頓悟構想而驚醒的思考過程，以及改變、修正或肯定此構想的對話交流。

「數學家不需要實驗室或供給品。」俄羅斯數論學家辛欽（Alexander Khinchin）曾寫道：「只要有一張紙、一枝筆和創造能力，他就可以開始工作。如果有機會使用還不錯的圖書館，再加上（幾乎每一位數學家都擁有的）科學熱情，那麼無論是多大的破壞力量，都無法阻止數學的創造工作。」[1]其他科學的本質是集體研究，如同二十世紀初以來的情況；數學卻是一個獨力探求的過程，但數學家會不斷地與另一個同樣執著的心智交流。進行這些交流的工具，亦即這些重要論證發生的地方，就是會議、期刊，以及我們這個時代才有的網路。

俄羅斯孕育出二十世紀一些最偉大的數學家，這件事本身就是一個奇蹟。數學跟前蘇聯時代的做法形成顯著的對比。數學提倡論證，研究胚騰，俄羅斯卻控制人民，迫使他們接受不斷變化、無法預測的現實；數學重視邏輯與一致性，當時的文化卻以華麗虛飾的語言和恐懼為成長的養分；數學要求高度專業的知識才能了解，所以對門外漢來說，數學對話就像密碼一樣難以解讀；更糟的是，數學主張單一、可知的真理，當時政體的合法性卻是建立在單方認定的真理上。這一切都使得在前蘇聯時代，講究一致性與邏輯的人會特別受數學吸引，因為這是他們在其他所有研究領域難以獲得的。這一切也使得數學和數學家開始產生質疑。對數學家而言，數學重要而美麗，俄羅斯代數學家謝伐斯曼（Mikhail Tsfasman）在解釋其原因時說：「數學特別適合教導人分辨是非，它也能教人分辨經過證明與尚未證實、可能發生與未必會發生的事物。它也教我們辨別可能發生和可能為真，以及看似可能發生卻明顯是謊言的事物。這是〔俄羅斯〕社會大眾極度缺乏的數學文化。」[2]

前蘇聯人權運動的創始人是一位數學家，自然是合乎情理的事。葉賽寧—沃爾平（Alexander

Yesenin-Volpin）是邏輯理論學家，他於一九六五年十二月在莫斯科組織了第一場示威遊行。這個人權運動的口號是以蘇聯法律為基礎〔3〕，它的創始人只有一個訴求：呼籲蘇聯當局遵守成文法。換句話說，他們要求邏輯與一致性；這個運動被視為違法行為，葉賽寧—沃爾平因而遭下獄及關入精神病院整整十四年，最後被驅逐出境。

當時蘇聯的學識和學者都是為了服務蘇聯國家而存在。一九二七年五月，俄國十月革命發生還不到十年，蘇聯共產黨中央委員會在蘇聯科學院（USSR's Academy of Sciences）的章程中，特別加入一項條款來規範這一點。這項條款明訂：「如果任一院士的活動明顯以傷害蘇聯為目標」，該院士將遭到取消資格。從那時起，所有院士都被判定意圖傷害蘇聯的罪名。在由歷史學家、文學家和化學家參與的公開聽證會中，這些學者遭當眾羞辱，院士資格被剝除，並且經常以叛國罪名下獄。所有研究領域，尤其是遺傳學，都因明顯與蘇聯的意識形態衝突而遭摧毀。史達林親自統治學界，甚至發表了一些科學論文，並為個別領域的未來制定研究議題。例如他論述語言學的文章排除了長期籠罩在比較語言研究上的疑雲，譴責語言中類別區分的研究，以及整個語意學的研究等等。〔4〕史達林親自提拔對遺傳學採取肅清敵對態度的李森科（Trofim Lysenko）〔5〕，而且顯然與李森科合力撰寫演講稿，導致遺傳學研究在蘇聯徹底被禁。

俄羅斯的數學之所以能逃過法令規章的摧殘，主要有三個幾乎毫無關聯的因素。第一，俄羅斯的數學原本可能受創最重，它卻剛好特別堅強。第二，數學太過艱澀，蘇聯領導人偏好的手法無從干涉。第三，它剛好證明在關鍵時刻對蘇聯極度有用。

一九二〇年代和一九三〇年代，莫斯科以擁有實力堅強的數學界為傲；在構成二十世紀數學基礎的拓樸學、機率論、數論、泛函分析、微分方程和其他領域方面，有許多突破性的研究。數學研究所需的經費不多，這點也有助益：自然科學因缺乏設備，甚至因工作空間沒有暖氣而逐漸凋零時，數學家只要有鉛筆和交流就可以工作。辛欽在寫到那段時期時曾表示：「當時缺乏當代文獻，不斷的科學交流多少可以彌補這個缺憾，而且在那段時期，科學交流多少都還能籌畫並獲得支持。」當時整批年輕的數學家快速晉升為教授並成為院士，其中許多人曾在國外受過教育。

老一代的數學家在俄國革命發生前就已開創了職業生涯，如今自然遭到質疑，葉戈羅夫（Dimitri Egorov）就是其中之一〔6〕。他在二十世紀之交時是俄羅斯數學界的領導人物，後來遭到逮捕並於一九三一年在國內流放時過世。他當時的罪名是：他是虔誠的教徒，而且毫不隱瞞這一點，以及他反對將數學跟意識形態掛鉤，例如他曾嘗試（但沒有成功）把一封由數學家大會送給黨代表大會的問候信函截走。發言支持葉戈羅夫的人都遭到肅清，離開莫斯科數學機構的領導職位，但是以當時的標準來看，這其實比較像警告，而不是真正的整肅：數學界沒有任一研究領域遭禁，克里姆林宮也沒有把概括性的方針強加在數學家身上。當時的數學家並不知道，更嚴重的打擊正等著他們。

一九三〇年代，一場數學公審即將展開。跟葉戈羅夫合作領導莫斯科數學界的年輕夥伴，是他的第一個學生盧津（Nikolai Luzin）。盧津是很有領導魅力的老師，許多向他學習的學生都稱他們的數學圈為「盧津塔尼亞」（Luzitania），彷彿它是一個神奇國度，或像由共同的想像力結合而成的神祕會社。當教授數學的人擁有適當的遠見時，的確容易形成神祕的社群。大多數數學家都能很快地指出，世上只有少數人了解數學家在講什麼。當這些人剛好相互交談，或甚至形成學習和生活步調都一致的群體時，會令人非常興奮。

「盧津的好戰理想主義，」一位譴責盧津的同事寫道：「從他在國外旅行時呈交給科學院的報告即可見一斑，上面有一段話說：『自然數集合似乎並不是絕對客觀的組成。它似乎是由剛好在特定時刻談論一個自然數集合的數學家心智所構成的函數。看來在算術問題當中，有一些絕對無法解決的問題。』」

這樣的公開譴責很巧妙：看這段文字的人不需要懂數學，也必定知道唯我論、主觀和不確定性絕對不是蘇聯的特質。一九三六年七月，每日發行的《真理報》（*Pravda*）發起對這位知名數學家的公開攻訐活動，稱盧津為「戴著蘇聯面具的敵人」。

反對盧津的活動不斷發生，包括報紙文章和社群會議，由科學院組成的緊急委員會也召開了五天聽證會。報紙文章指稱盧津和其他數學家為敵人，因為他們在海外發表自己的研究。換句話說，這些事件都按公審的標準情況一一發生。然而，這個過程似乎虎頭蛇尾地就結束了：盧津公開懺悔，而且儘管遭到嚴厲的申斥，仍得以保留院士身分。針對他據說犯下的叛國罪所做的調查，也獲准悄悄地無疾而終。

研究盧津案的學者認為，最終決定停止這些攻訐活動的是史達林本人，而且認為原因在於數學對宣傳無益。到了一九九〇年代可以對這個案子進行研究後，數學家迪米多夫（Sergei Demidov）

和伊薩科夫（Vladimir Isakov）一起研究這個案子，並寫道：「對這個案件進行意識形態的分析，應該會演變成討論數學家對自然數集合的了解，這樣的討論似乎無法造成多大的破壞效果，以蘇聯的集體意識來說，煤礦場爆炸或殺人醫生這類事件的破壞力才夠強。這類討論最好要用對宣傳比較有用的主題，比如說生物學和達爾文（Charles Darwin）的演化論，這些連蘇聯領袖都愛談。這類討論才容易牽涉到與意識形態有關，而且易於了解的主題，像是猴子、人類、社會和生命本身。這可比討論自然數集合或實變數的函數，有用得多。」[7]

盧津和俄羅斯的數學非常、非常幸運。

數學僥倖逃過攻擊，但從此也只能蹣跚前進。最後盧津因從事數學而遭到公開貶謫與斥責：因為他在國際期刊上發表論文，與國外的同事保持聯絡，以及參與交流，而交流卻是數學的生命所在。審判盧津的聽證會傳達的訊息是：待在鐵幕後。其後，蘇聯數學家也一直把這項訊息奉為圭臬，奉行到一九六〇年代，甚至一直到蘇聯瓦解。假裝蘇聯的數學不僅是世界最進步的數學（這已成為蘇聯數學的官方標語），更是世界唯一的數學。結果，蘇聯和西方的數學家在不知道彼此的工作下，研究相同的問題[8]，造成許多以兩個名字共同命名的概念，例如柴廷—柯莫哥洛夫複雜度（Chaitin-Kolmogorov complexities）和庫克—李文定理（Cook-Levin theorem）（在這兩個實例中，共同命名的兩人都是獨立獲得研究成果）。蘇聯頂尖數學家龐特里亞金（Lev Pontryagin）就曾在回憶錄裡提到[9]，他在史達林過世五年後的一九五八年第一次到海外旅行，當時他五十歲，已經是世界知名的數學家，他一直問同事他最新的研究結果是否真是新的；他沒有別的方法可以得知。

「在一九六〇年代，只有少數人可以到法國半年或一年。」現在負責美國數學學會（American Mathematics Society）出版計畫的俄羅斯數學家蓋爾范德（Sergei Gelfand）回憶說：「他們回來後，對蘇聯數學界都非常有用，因為他們可以在那裡進行交流，因而了解也讓他人明白，天賦再好，如果僅是在鐵幕後閉門造車的話，也無法掌握全貌。他們必須跟其他人討論，讀別人的作品才行，這是雙向的：我就認識一些為了能夠閱讀蘇聯的數學期刊而研讀俄文的美國數學家。」〔10〕事實上，有一個世代的美國數學家大多具備閱讀數學相關俄文文章的知識，即使對以俄語為母語的人而言，這都是一種相當專門的能力，克雷數學研究所所長卡爾森（Jim Carlson）就是具備這種能力的人之一。蓋爾范德本人在一九九〇年代初離開俄羅斯，在美國數學學會的徵召下，開始彌補前蘇聯統治期間在數學知識方面形成的斷層：他所負責的工作，就是在美國協調翻譯俄羅斯數學家累積多年的作品並進行出版。

因此，俄羅斯數學家被剝奪了工作所需的工具，亦即辛欽所謂「還不錯的圖書館」和「不斷的科學交流」。幸好他們仍保有不可或缺的工具，也就是「一張紙、一枝筆和創造能力」；最重要的是，他們仍然保有彼此：因為數學太過艱澀，不適用於宣傳，所以數學家這個群體僥倖逃過前幾波整肅行動。然而，在史達林統治近四十年的期間，沒有任何領域艱澀到無法摧毀。當時若不是發生二十世紀歷史上的轉捩點，數學恐怕也難逃被毀的命運，但是在關鍵時刻，數學離開了抽象交流的範疇，突然具有不可或缺的地位。這最終拯救了前蘇聯的數學家和數學的大事，就是二次世界大戰，以及其後的軍備競賽。

一九四一年六月二十二日，納粹德國入侵蘇聯；三星期後，蘇聯空軍被摧毀殆盡[11]：大多數軍機在有機會起飛前，就已在機場遭到炸毀。俄羅斯軍隊開始把民航機改裝成轟炸機，問題是民航機的速度比軍機慢得多，這使得軍方先前在瞄準目標上所知的一切都變得有待商榷。他們需要數學家重新計算速度與距離，空軍才能命中目標。事實上，他們需要的是一小支由數學家組成的軍隊。二十世紀最偉大的俄羅斯數學家柯莫哥洛夫（Andrei Kolmogorov）在戰時曾離開學界人士的避難所韃靼斯坦，回莫斯科率領一整間教室的學生，用計算機重新計算紅軍的轟炸和射擊瞄準表。完成這個工作之後，他又開始為蘇聯軍隊建立一個統計控制和統計預測的新系統。[12]

二次大戰初始時，柯莫哥洛夫三十八歲，已經是蘇聯科學院主席團（Presidium）的成員，這使得他成為蘇聯帝國中最具影響力的少數學者之一，而他在機率論領域的研究也聞名於世。他也是成果特別豐碩的教師：一生指導過七十九篇博士論文[13]，而且是建立數學奧林匹亞和蘇聯數學學校文化的先鋒。但在二次大戰期間，柯莫哥洛夫暫停發展科學生涯，轉而直接服務蘇聯——在這個過程中，他證明了數學家對蘇聯的生存至關重要。

蘇聯在一九四五年五月九日宣布戰勝，同時宣告偉大衛國戰爭（Great Patriotic War）的結束。八月，美國以原子彈轟炸日本的廣島和長崎。史達林在其後幾個月一直保持沉默，後來在一九四六年二月他所謂的重新選舉後才終於公開發言，向國民承諾蘇聯會發展自己的原子戰備能力，超越西方。[14]在當時，組織一支由物理學家和數學家組成的軍隊，以便跟美國的曼哈頓計畫（Manhattan Project）抗衡的工作，已經展開至少一年。年輕學者從前線被召回，甚至在獄中獲得釋放，以便加入這場原子彈競賽。[15]

二次大戰後，蘇聯大量投資發展高科技軍事研究，興建超過四十座城市，供科學家和數學家祕密工作。這次動員的迫切性的確讓人想到曼哈頓計畫，只不過它的規模大得多，為時也久得多。對於二十世紀下半葉參與蘇聯軍武工作的人數，估計值向來不準，但是據稱高達一千兩百萬人，其中有數百萬是受雇於軍事研究機構。[16]在其後的許多年間，剛畢業的年輕數學家或物理學家比較可能被分派到國防相關研究工作，而不是民間機構。這些工作意味著在科學上必須保持幾近孤立的狀態：對國防雇員來說，無論他們在實際上是否會接觸到敏感的軍事資訊，都必須接受安全調查，而任何與外國人的接觸不僅會引起懷疑，也會被視為叛國。此外，有些研究工作必須搬到研究城鎮，那裡提供舒適的社會環境，可以潛心研究，但無法跟外面的智識界聯絡。在無法持續進行數學交流的情況下，數學家的紙筆可能也成了無用的工具。於是蘇聯就這麼明目張膽地，設法把一些最優秀的數學人才藏了起來。

一九五三年史達林過世後，蘇聯對於它跟世界其他國家的關係採取不同的態度：現在蘇聯不僅要令其他國家感到畏懼，也要贏得它們的尊敬。蘇聯開始利用大多數數學家來建造原子彈和火箭，並用精挑細選出來的少數精英來建立威信。一九五〇年代末，鐵幕緩緩地開始裂開一條細縫，雖然還不足以讓蘇聯與其他國家的數學家進行亟需的交流，但已經足以讓蘇聯數學家展現一些他們最引以為傲的成就。

到了一九七〇年代，一個蘇聯數學機構開始成立。它就像一個極權制度內的極權制度，不僅提供成員工作和金錢，也提供公寓、食物和交通工具；它決定他們居住的地方，以及工作或娛樂的時間、地點和方式。對於這個圈子的人來說，它就像一個控制力強、嚴格但照顧妥善的母親：所有孩子都能獲得良好的營養與培育，跟這個國家其他人相比，這群人無疑享有特權。在基本物資稀少的時期，官方的數學家和其他科學家可以在特別指定的商店購物〔17〕，比起開放給一般民眾的商店，這些商家一般存貨較多，較不擁擠。在蘇聯統治的大多數時期，沒有所謂的私人公寓，一般的蘇聯公民只能接受國家分配的住所；科學機構的成員是由機構分配公寓，這些公寓一般較大，地點較好。最後，數學機構的成員還享有到國外旅行的特權，那是一般蘇聯人民鮮少能獲得的特權之一。一位數學家是否能接受到學術會議演講的邀請，陪同旅行的人員，旅行持續時間，許多時候甚至連住宿地點，都必須由科學院來決定，並由黨及國家的安全機構負責監視。例如一九七〇年，第一位贏得費爾茲獎的蘇聯數學家諾維科夫（Sergei Novikov）因為沒有獲得准許，所以不能前往尼斯領獎。〔18〕一年後，國際數學聯盟（International Mathematical Union）在莫斯科召開大會，他才到場領獎。

然而，儘管是數學機構的成員，資源仍然始終匱乏。好公寓總是供不應求，想參加會議的人總是比獲准前往的人多。所以就在陰謀、彈劾和不公平競爭下，形成了一個邪惡、暗箭傷人的狹隘世界。要進入這個圈子的門檻高得嚇人：一位數學家必須有可靠的意識形態，除了必須對黨效忠，也必須對機構現有的成員忠誠，而猶太人和婦女幾乎可以說沒有機會進入。

任何人都可能因行為不當而輕易被逐出數學機構。柯莫哥洛夫的學生丁肯（Eugene Dynkin）就是其中之一，原因是他在莫斯科一所數學專業學校鼓吹過度的自由主義。柯莫哥洛夫的另一名學生李文（Leonid Levin）描述，自己因為與異議分子來往而遭放逐。「對於所有跟我有關的人來說，我都成了負擔。」他在回憶錄裡寫道：「沒有任何正經的研究機構願意雇用我，我覺得我甚至沒有參加研討會的權利，因為與會者都已經接獲指示，只要我出現就必須通知〔有關當局〕。繼續待在莫斯科已經沒有意義。」[19]丁肯和李文後來都移居海外。李文肯定是一到美國，就得知他在莫斯科的數學會議上描述的數學問題（部分是以柯莫哥洛夫在複雜度方面的研究為基礎），跟美國電腦科學家庫克（Stephen Cook）界定的問題相同。庫克和成為波士頓大學教授的李文被視為NP完備定理（NP-completeness theorem）、亦名庫克—李文定理的共同發明人[20]；在克雷數學研究所懸賞百萬美元的七大千禧難題當中，有一題就是以這個定理為基礎。這個定理本質上是說，有些問題容易以數學公式表示，但是需要的計算太多，以至於能解決它們的機器根本不可能存在。

而當時有些人幾乎永遠不可能加入數學機構：猶太人、女人、大學時指導教授不恰當的人，以及不願強迫自己入黨的人。「有些人知道自己永遠不可能進入科學院，他們最大的希望就是能在明斯克（Minsk）的某個研究所，為自己的博士論文進行答辯，但這還要他們在那裡有可靠的關係才行。」美國數學學會出版人蓋爾范德說道，他的父親伊斯拉埃爾．蓋爾范德（Israel Gelfand）是二十世紀俄羅斯頂尖的數學家，師從柯莫哥洛夫。「這些人參加大學的研討會，而且是某個研究所正式列名的教職員，例如木材業的研究所。他們的數學能力很強，後來甚至會開始跟海外聯繫，偶而還能獲得在西方出版的機會——這很困難，而且必須證明自己沒有洩漏國家機密，但仍是可能做到的事。有些數學家從西方前來，有些甚至過來長期停留，因為他們知道這裡有許多才華橫溢的人。這些都屬於非官方的數學活動。」

其中一位前來長期停留的是麥克道夫（Dusa McDuff）[21]，當時她是英國代數學家（現為紐約州立大學石溪分校〔State University of New York at Stony Brook〕名譽教授）。她向伊斯拉埃爾・蓋爾范德學習了六個月，認為那次學習經驗打開了她的視野，讓她知道做數學應該採取的方式，包括持續與其他數學家交流，而且那次經驗也讓她領悟到數學真正的本質。「那是很精采的教育，讀普希金（Aleksandr Pushkin）的詩劇《莫札特和薩里耶利》（*Mozart and Salieri*），跟學習李群（Lie groups）或讀嘉當（Élie Cartan，法國數學家）和艾倫伯格（Samuel Eilenberg，波蘭裔美籍數學家）的著作同樣重要。蓋爾范德令我驚嘆，因為他談論數學時彷彿在談詩一般。有一次他說到一篇處處是公式的長篇論文，內容包含一個觀念的模糊根源，他說他只能隱微地暗示，從來沒有辦法說得更清楚。以前我對數學的看法總是直截了當：公式就是公式，代數就是代數，但是蓋爾范德在一列列他的譜序列中發現潛在的模糊之處！」[22]

表面上，這些與傳統數學文化格格不入的人，一般做的是輕鬆低薪的工作，跟蘇聯最出名的勞工公式相呼應：「我們假裝工作，他們假裝付我們錢。」這些數學家的薪水微薄，而且一輩子只會增加少許，但這已經足以應付生活所需，讓他們能把時間用於真正的研究。「當時根本不必為了獲得永久任職權，或為了能更快寫好論文，而只專注在某個狹小的領域。」蓋爾范德說：「數學幾乎是一種興趣，所以你可以把時間拿來研究在最近十年中對任何人都不會有用的主題。」數學家稱之為「為數學而數學」〔23〕，刻意把自己和藝術家做類似的比較，因為藝術家以為藝術而辛苦著稱。在這樣的情況下做研究，沒有實質報酬可言：永久職位、金錢、公寓、到國外旅行等等都付之闕如；他們做卓越研究所能獲得的，只有同事的尊敬。反之，如果他們不公平競爭的話，除了沒有實質報酬，更可能失去同事的尊敬。換句話說，蘇聯的這種另類數學圈在真實世界中可說是獨一無二：它是一個全憑實力的世界，智識成就是唯一的報酬。

在下班後舉行的講座和座談會中，數學交流再度在蘇聯重生，對於尋求挑戰、邏輯與一致性的心智來說，數學的魅力也再度顯現。「在後史達林時代的蘇聯，對於思想自由的智識分子來說，這是追求自我實現最自然的方式之一。」知名莫斯科數學家夏巴特（Grigory Shabat）說：「如果我能自由選擇職業，我會想成為文學評論家。但我想工作，不想把一生花在對抗出版物審查員上。」〔24〕數學承諾一個人不僅能在不受國家干預（也沒有國家支持）下從事智識工作，也能找到在前蘇聯社會其他地方找不到的事物：可知的單一真理。「數學家在智識上特別誠實。」夏巴特繼續說道：「如果兩個數學家做出互相矛盾的聲明，那麼其中一個是對的，另一個是錯的。他們絕對會理清這一點，而錯的一方肯定會承認自己的錯誤。」搜尋真理可能耗時經年，但在前蘇聯時代，時間是靜止的，這意味著另類數學圈的人需要多少時間都可以。

註釋

1 A. Ya. Khinchin, "Matematika," in F. N. Petrov, ed., *Desyat Let Sovetskoy Nauke* (Moscow: N.P., 1927).

2 謝伐斯曼的講座 "Sudby matematiki v Rossii", http://www.polit.ru/lectures/2009/01/30/matematika.html, accessed February 1, 2009。

3 葉賽寧—沃爾平，訪談，http: //www.peoples.ru/family/children/alexander_yesenin-volpin/, accessed January 31, 2009。

4 I. V. Stalin, "Marxism i voprosyyazykoznaniya," *Pravda*, June 20, 1950, http://www.philology.ru/linguistics1/stalin-50.htm, accessed January 31, 2009.

5 V. D. Yesakov, "Novoye o sessii VASKhNIL 1948 goda," http://russcience.euro.ru/papers/esak940s.htm, accessed January 31, 2009.

6 J. J. O'Connor and E. F. Robertson, "Dimitri Fedorovich Egorov," www.history.mcs.st-andrews.ac.uk/Biographies/Egorov.html, accessed December 27, 2007.

7 關於盧津案的描述和引述出自 S. S. Demidov, V. D. Yesakov, "Delo akademika N. N. Luzina'v kollektivnoy pamyati nauchnogo soobshestva," *Delo Akademika N. N. Luzina* (St. Petersburg: RKhGI, 1999)。

8 Dennis Shasha and Cathy Lazere, *Out of Their Minds: The Lives and Discoveries of Fifteen Great Computer Scientists* (New York: Springer, 1998), 142.

9 龐特里亞金的整本回憶錄都是關於這位傑出數學家個人參與的陷害和陰謀。Lev Pontryagin, *Zhizneopisaniye Lva Semenovicha Pontryagina, matematika, sostavlennoye im samim* (Moscow: Komkniga, 2006), 134.

10 蓋爾范德，作者訪談，普羅維登斯（Providence），羅德島州，二〇〇七年十一月九日。

11 Richard Overy, *Russia's War: A History of the Soviet War Effort: 1941-1945* (New York: Penguin, 1998), 73-85.

12 柯莫哥洛夫的工作被列為機密，因此顯然稱為 *Strelyaniy sbornik* 的出版結果亦無法取得。資料出自：阿布拉莫夫（Alexander Abramov），柯莫哥洛夫的學生暨傳記作家，作者訪談，莫斯科，二〇〇七年十二月五日，以及 *Etikh strok begushchikh tesma*, ed. A. N. Shiryaev (Moscow: Fizmatlit, 2003), 355, 500。

13 數學譜系計畫（Mathematics Genealogy Project），http://genealogy.math.ndsu.nodak.edu/id.php?id=10480, accessed January 22, 2008。

14 摘錄自 Roger S. Whitcomb, *The Cold War in Retrospect: The Formative Years* (Westport, CT: Praeger Publishers, 1998), 71。

15 Zhores A. Medvedev, *Soviet Science* (New York: Norton, 1978), 46.

16 Clifford G. Gaddy, *The Price of the Past: Russia's Struggle with the Legacy of a Militarized Economy* (Washington DC: Brookings Institution Press, 1998), 24-25.

17 *Etikh strok*, 293, 467.

18 Pontryagin, 169.

19 Leonid Levin, "Kolmogorov glazami shkolnika i studenta," in *Kolmogorov v vospominaniyakh*, 168-69.

20 Shasha and Lazere, 139-56；李文在波士頓大學的網站首頁，http://www.cs.bu.edu/~lnd/, accessed January 29, 2008；P對NP問題（P versus NP problem）的描述，http://www.claymath.org/millennium/P_vs_NP/, accessed January 29, 2008。

21 Dusa McDuff, "Advice to a Young Mathematician," in *Princeton Companion to Mathematics*, ed. Timothy Gowers, June Barrow-Green, and Imre Leader (Princeton, NJ: Princeton University Press, 2008), 1007.

22 Dusa McDuff, "Some Autobiographical Notes," http://www.math.sunysb.edu/~tony/visualization/dusa/dusabio.html, accessed March 19, 2009.

23 Vladimir Uspensky, "Apologiya matematiki, ili O matematike kak chasti duhovnoy kultury," *Noviy Mir* 11, 2007.

24 夏巴特，俄羅斯人文大學（Russian State Humanities University）教授，貝蓮奇娜（Katerina Belenkina）訪談，莫斯科，二〇〇七年四月。

第二章

數學家的養成

一九六〇年代中葉，納塔森（Garold Natanson）提供一個研究生職位給他的一名女學生，她名叫露波芙（Lubov）。這樣的職位得來不易，因為女研究生向來以不可靠出名，她們有可能懷孕，容易因為追求其他事物而分心。此外，露波芙是猶太人，這意味著納塔森教授必須仔細規畫、運用策略，還得靠人情，才能替她確保這個職位：在當時的制度下，猶太人甚至比女性更不可靠，而且錯綜複雜、歧視性的反猶太做法，在這裡具有不成文法般的效力。納塔森本身也是猶太人，任教於赫爾岑教育學院（Herzen Pedagogical Institute）。這所學院的排名僅次於列寧格勒國立大學（Leningrad State University），所以該學院獲准收猶太學生和任用猶太老師——這是理所當然的事，或許該說在戰後的蘇聯算是合理的事。這名女學生年紀較大，年近三十，早已過了一般俄羅斯女性結婚育子的年紀，所以納塔森會假設她已經決定把一生完全奉獻給數學，也無可厚非。

其實納塔森沒有完全想錯：這位女性的確全心奉獻於數學。但她卻拒絕了他寬大的提議並解釋說，她最近剛結婚，打算成立家庭，所以已經接受一所職業學校的數學教職，後來她有超過十年沒有再在列寧格勒的數學界出現。

在蘇聯時代，十年或十二年不算什麼。後來列寧格勒興建了一些新住宅，有些家庭得以離開擁擠殘破的市中心，搬入市郊新建的混凝土高樓。當時的衣服和食物仍然短缺，而且品質差得可悲，但是工業生產畢竟已經有些起步，所以新市郊的一些居民仍可以為公寓添加基本的半自動洗衣機和電視機。這些電視說是黑白的，但大多只能呈現深淺不一的灰色，而當時實際的環境看起來也是同樣的顏色。除此之外，鮮少改變。納塔森仍然在赫爾岑教書，只不過那裡變得更加擁擠殘破。他先前的學生露波芙到他的辦公室找他。她年紀大了一些，人也長胖了點。她說當年她懷了孕，現在這孩子已經上學，並且展露出數學天賦。他先前在市郊他們居住的新興混凝土公寓社區參加數學競賽，表現相當優異。在多年來一成不變的俄羅斯數學體系下，他已經準備好接受母親當年沒有接受的位置。

這一切對納塔森來說非常合理。他出身數學世家，父親伊斯多・納塔森（Isidor Natanson）是俄羅斯權威微積分教科書的作者，過去也在赫爾岑任教，直到一九六三年過世為止。露波芙的兒子正要唸五年級，俄羅斯多年來已經發展出適合培育數學家的制度，以這個年紀而言，他已經可以開始做相當嚴謹的數學研究。納塔森把一位年輕的數學教練介紹給這個男孩和他的母親。

佩雷爾曼的數學教育就此展開。

競賽數學比大多數人想像的更像運動，有專門的教練、俱樂部、練習時間，當然還有專門的競賽。天賦不可或缺，但並不足以確保成功：有天賦的小孩必須碰到優秀的教練和團隊，還要有家庭的支持才行，最重要的是要有贏的意志。剛開始時，優秀的明日之星與資質好但未至優秀的人，兩者幾乎無法分辨。

別名「葛利沙」的佩雷爾曼（Grigory “Grisha” Perelman）在一九七六年秋天抵達列寧格勒少年宮（Leningrad Palace of Pioneers）的數學俱樂部，當時的他矮胖笨拙，就像醜小鴨群裡的醜小鴨。他拉小提琴；他的母親從小不僅研究數學，也拉小提琴，她在佩雷爾曼很小的時候就替他請了私人小提琴老師。佩雷爾曼在解釋一道數學題的解答時，經常說得含糊不清，原因是他說得太快太多，總是在短暫沉默後劈里啪啦地衝口而出，以至於許多話都混雜在一起。他算是早熟的孩子，比唸同年級的小孩小一歲，但在這個數學俱樂部，有一個名叫戈洛瓦諾夫（Alexander Golovanov）的孩子甚至比他還小，而且每一學年都可以跳一級，照這種速度，十三歲就能唸完高中。〔1〕在俱樂部的前幾年，還有另外三個男孩在數學競賽裡擊敗過佩雷爾曼。〔2〕至少還有一個叫蘇達科夫（Boris Sudakov）的小孩展現出比佩雷爾曼還高的天分，蘇達科夫的身材圓滾，個性活潑好奇，他的父母剛好認識佩雷爾曼的家人。〔3〕蘇達科夫和戈洛瓦諾夫都有出類拔萃的特徵：他們似乎總是進步飛快，才華橫溢。想當然耳，每次相遇時，他們都會爭奪主導權，而數學正是他們感興趣的眾多事物之一，也是他們發揮卓越才智的途徑和展現獨特的工具之一。相較之下，佩雷爾曼也對數學感興趣，但卻安靜得多，幾乎像一面鏡子一樣；這些男孩總喜歡把想法丟給他，看他怎麼回應，但佩雷爾曼似乎從來不需要這麼做。他跟數學問題之間形成的關係不僅深刻，似乎也非常私人：他大多數的對話，對象都是數學，而且是在他的腦海裡發生。如果只是偶而去數學俱樂部的話，不會覺得他在男孩間有什麼獨特。事實上，在我訪談的人當中，即使是多年後認識他的人，也沒有一個形容他為才華橫溢，沒有人認為他煥發著才氣。一般對他的形容都是非常、非常聰明，思考非常、非常精確。

至於為什麼會有這樣的評論，就像一個謎。大致上，數學家分為兩類：認為把所有問題化約為數和變數的集合最簡單的代數學家，以及透過形狀來了解世界的幾何學家。當前者看到$a^2+b^2=c^2$時，後者看到的是下圖。

跟佩雷爾曼同窗超過十年、偶而相互競爭的戈洛瓦諾夫，稱他是思緒清晰的幾何學家：戈洛瓦諾夫還在理解問題時，佩雷爾曼已經解決一個幾何問題。原因就在於戈洛瓦諾夫是代數學家。跟佩雷爾曼同窗大約六年、偶而跟他競爭的蘇達科夫，則宣稱佩雷爾曼把每個問題都化約為公式，而他這麼說的原因似乎是因為他本身是幾何學家：對於上面的古典定理，他最喜歡的證明完全是圖解法，不需要用任何公式和語言來證明。換句話說，他們都堅信佩雷爾曼的心智跟自

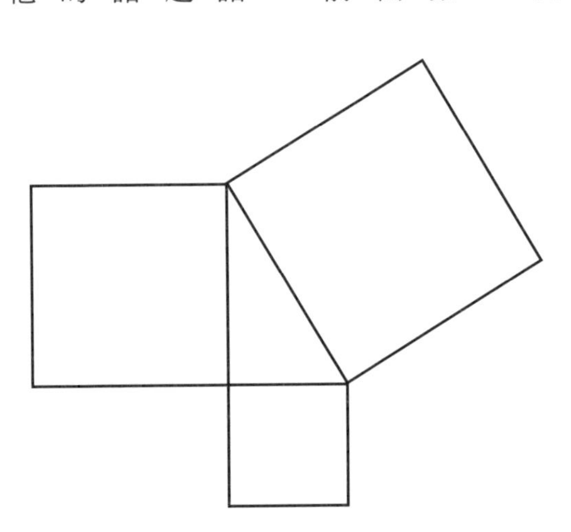

己的截然不同。但他們倆都沒有確鑿的證據。佩雷爾曼幾乎完全在心裡思考，既沒有寫下，也沒有畫在紙上。他在思考時倒是會做許多其他的事：哼唱，低吟，在書桌上丟乒乓球[4]，前後搖晃，用筆有節奏地敲書桌，用手摩擦大腿，直到褲管發亮，然後兩手相互摩擦——當他做這個動作時，就意味著他即將寫下完整的解答。在他其後的職業生涯中，即使選擇研究形狀之後，他的幾何想像力也不曾令同事讚嘆，但他們幾乎都會對他在解題時所展現百分百的精確度，感到印象深刻。[5]他的大腦幾乎就像萬能的數學壓縮機，能把問題壓縮成本質。無論他的腦是怎麼構成的，最終數學俱樂部的同學暱稱它為「佩雷爾曼槌」（Perelman stick），因為它就像一個巨大的想像工具，他總是靜靜坐著用它思考，然後揮出致命的一擊。

在世界各地的數學俱樂部，數學練習時間大同小異。學生抵達後，看到寫在黑板上或遞給他們的一組問題後，坐下來就開始解題。數學教練大多數時候靜靜坐著；助教偶而會檢查學生的情況，有時用提問的方式刺激他們，有時輕輕地把他們推往不同的方向。

對蘇聯時代的兒童來說，放學後的數學俱樂部就像一個奇蹟。至少它跟學校不同；蘇聯各地的學童每天早上八點剛過，會離開一模一樣的混凝土公寓大樓，前往一模一樣的混凝土學校建築，坐在一模一樣的教室裡：牆壁漆成黃色，掛相同的畫像，畫像上都是留著鬍子的已故男士——文學教室掛杜斯妥也夫斯基（Fyodor Dostoyevsky）和托爾斯泰（Leo Tolstoy）的畫像，化學教室掛門得列夫（Dmitri Mendeleev）的畫像，列寧的畫像隨處可見。老師在相同的班級日誌上標示出勤紀錄，拿相同的課本傳授統一的教育，要求學生有統一的反應。我在莫斯科郊區唸一年級時，老師甚至曾經要求我假裝自己的閱讀技巧跟其他小孩一樣差，以實現她心中所謂統一一致的程度；那郊區看起來就像佩雷爾曼所住的列寧格勒郊區。我記得第一次花一整個下午算數學時，我拿著筆打量畫在紙上的一個形狀，時間就像漫無止境似的；在大約相同的時間，佩雷爾曼在北方四百英里的地方解數學題。我現在已經不記得那道問題是什麼，但仍記得要找出解答必須轉置那個圖形。我坐在座位上，無從下筆，直到一位助教過來問我一個非常基本的問題，類似「妳可以怎麼做？」的句子。

「我可以轉置它，就像這樣。」我回答。

「那就這麼做。」他說。

這裡的人顯然預期我要自己思考。一陣羞慚沖刷過我全身；我低頭望著眼前的圖，沒一會兒就畫出解答，並且體會到一股完全放鬆的感覺，我想我就是在當時染上了數學癮。一直到上大學後，我才戒掉這癮頭（唸大學時，我真的因為違規把一門人文科學的必修課換成高等微積分而遭退學）。動腦筋，奮力求解，找到答案，獲得證實，這種喜悅感覺上就像同時獲得愛、真理、希望和正義一樣。

佩雷爾曼參加的數學俱樂部只有最基本的運作。老納塔森決定把這位由他關照的弟子，交給身材高，髮色淺，滿臉雀斑，說話大聲的數學教練魯克辛（Sergei Rukshin）。[6]魯克辛有一個非常重要的特色：他只有十九歲。他沒有帶領過數學俱樂部，也沒有助教。他有的是特別大的野心，又特別畏懼失敗。白天他是列寧格勒國立大學的大學生，一週有兩個下午會穿西裝打領帶，到列寧格勒少年宮的數學俱樂部，扮演好成年數學教練的角色。

在列寧格勒肅穆的反數學傳統文化環境裡，魯克辛是一個外來者。他來自列寧格勒附近的城鎮，曾經是問題兒童，就跟世界其他地方的問題兒童一樣。到了十五歲的時候，他已經有過幾次未成年少年犯罪的紀錄，唯一喜歡的事情是打架。他原本應該會去唸職業學校，然後從軍，喝酒鬧事，早早過世，就跟同一世代大多數俄羅斯男性一樣。這樣的前景讓他的父母心驚膽顫，於是他們採取哀求、甚至可能用賄賂的手段獲得一個奇蹟，讓他們的兒子入學城裡一所數學高中。在那裡，另一個奇蹟發生了：魯克辛愛上數學，把所有創造、攻擊和競爭的力量都投注在上面。他努力參加數學競賽，卻輸給受過多年訓練的同學。然而，他堅信自己知道贏的技巧，只不過他自己做不到。他找只比他小一歲的學童，組成一支隊伍，加以訓練，結果他們競賽的成績比他先前好。他開始訓練列寧格勒各地的高年級生，然後成為少年宮的助教，僅僅一年後帶他的教練到另一個城市工作，他就取而代之。

魯克辛跟一般年輕的老師一樣，有一點怕學生。他帶的第一群學生包括佩雷爾曼、戈洛瓦諾夫、蘇達科夫和另外幾個男孩，都只比他小幾歲，但都已經有成為數學競賽高手的架式。魯克辛要證明自己夠資格當他們的老師，唯一的方法就是成為世上有史以來最好的數學教練。

魯克辛真的做到了。在其後數十年間，他的學生拿下超過七十面國際數學奧林匹亞競賽獎牌，其中超過四十面是金牌；在過去二十年間，俄羅斯派出的數學競賽學生中，約有一半來自魯克辛如今蓬勃發展的數學俱樂部，他們不是由魯克辛，就是由他的學生之一指導，而且採取的都是他那無可比擬的訓練法。

他的方法之所以無可比擬的原因，卻混然不清。「即使我對這些事情的心理學略知一二，仍然不明白他做了什麼。」蘇達科夫坦言：「我們進教室後就坐下，拿到一些問題集後開始解題。魯克辛坐在他的書桌前。如果有人解了問題，〔那學生〕就到他的書桌前，把解答方法解釋給他聽，然後他們會開始討論。就這樣！頂多就這樣而已。知道嗎？」我們在耶路撒冷一間咖啡屋裡，蘇達科夫坐在我對面，神情得意地說。如今的他體重過重，頭髮漸禿，在耶路撒冷當電腦科學家。

「大家都是這麼做的。」我如預料地回答。

「沒錯！我就是這個意思！」蘇達科夫邊說邊高興地動來動去。

我到魯克辛在二十五年後仍在經營的數學俱樂部，觀察過那裡的練習課。〔7〕當時那裡已經改名為「數學教育中心」（Mathematics Education Center），有兩三百名十一歲以上的兒童上課。他們跟佩雷爾曼那群學生一樣，一週到俱樂部練習兩個下午。低年級程度的班，每節課是兩小時，高年級程度的班有時會一直上到夜晚；每堂課結束時，學生都會帶一份問題回家做。魯克辛說他的獨特技巧之一是在每堂課的期間，根據課上的情形改變問題：教師必須事先準備好幾份問題，然後根據學生在其後兩小時上課時間中的進展，選擇最適合的一份。三天後，學生把解答帶到課上，在第一個小時裡一一解釋給助教聽。第二個小時則由教師在黑板上講解所有正確的解法。隨著年齡增長，會逐漸變成學生在整個班面前，在黑板上解釋自己的解法。

我看到一些年紀較小的孩子努力想解決一個問題：「教室有六個人，試證明在他們當中，必定有三個人互相認識，或有三個人互相不認識。」助教鼓勵他們從下面的圖解開始：

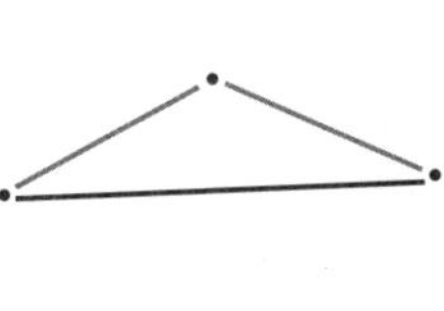

在解這個問題的六名兒童中，有兩人最後設法從這個圖解中發展出三種可能的方法之一：

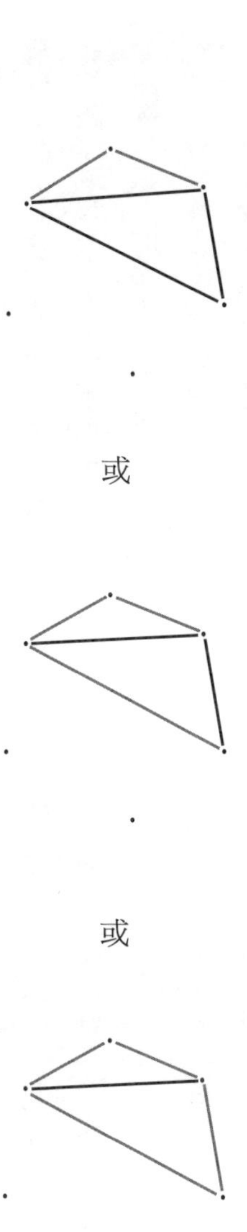

這兩名兒童挑戰成功的主要難題，其實是解釋我們能以圖形方式來證明，至少有三個人彼此認識或彼此不認識（由於是以圖形方式證明，因此是無可辯駁的）。聽這些兒童在整個短暫的解釋過程中，結結巴巴地努力把想法訴諸語言，令人感到痛苦。

數學家稱這個問題為「派對問題」(Party Problem)[8]；這個問題常見的形式是問一個派對要邀請多少人，才會至少有 m 個人彼此相識，或至少 n 個人彼此不相識。派對問題可以回溯至拉姆西理論(Ramsey theory)，這是由英國數學家拉姆西(Frank Ramsey)提出的一套定理系統。[9]大多數拉姆西類型的問題探討的，是確保能滿足特定條件的元素數目。一名女性必須有多少子女，才能確保她至少有兩個孩子是相同性別？答案是三個。一個派對要有多少人，才能確保至少有三個人彼此相識，或有三個人彼此不相識？答案是六人。要有多少隻鴿子，才能確保有至少一個鴿籠內有兩隻或兩隻以上的鴿子？答案是鴿籠數加1。

「數學教育中心」的兒童，至少其中一些遲早會學到拉姆西理論。在那之前，他們必須先學會表達一種觀看這個世界的方式，而這最終會使他們對拉姆西理論，以及在混沌環境中觀察秩序的其他方法產生興趣。對大多數人來說，教室裡的兒童或派對裡的客人，都只是人而已。對其他人而言，他們是一個秩序中的元素，而他們之間的關係則是胚騰。這些「其他人」就是數學家。大多數數學老師似乎相信，有些小孩天生就比較會尋找胚騰。老師必須識別出這些小孩，教導和培育這個技巧，也就是在其他人只有看到派對時，他們卻能夠看出三角形和六角形。

「這是我最大的訣竅。」魯克辛告訴我：「我在三十年前就發現：我們必須聽每一個小孩解釋他自認為已經解決的每一個問題。」其他數學俱樂部要求學童在全班面前說明解法，這意味著只要找到第一個正確解法，討論就結束了。魯克辛的做法是跟每一個學童對談，讓他們說出自己獨特的成功方法，以及遇到的困難和錯誤。這或許是有史以來勞力最密集的教學法；它意味著每一個學童和每一位老師都沒有任何輕鬆的時刻。「最終，我們教導學生怎麼談話，」魯克辛說：「我們教老師如何聽懂學生沒有條理的話，並且引導他們。或許我該說是了解學生沒有條理的話，以及沒有條理的想法。」

我在聆聽魯克辛講課，看他教學的時候，努力想體會他的數學俱樂部所溝通的感覺。它們究竟有什麼不同？為什麼比起我見過的其他任何數學、西洋棋或體育練習課程，它們能讓學生投入更多情感，也更加緊張？我花了好幾個月時間才終於找到類似的情況：他的數學課感覺上很像心理團體治療。它們的訣竅就在於讓**每一個**學童面對**整個**團體，說明自己的解法。數學在這些學童的生活中占有最重要的地位；魯克辛不會容許它變成次要的。這些學童大多數的空閒時間都用來思考自己拿到的數學問題，投入自己所有的情感和精力（這頗像認真採取十二步驟復原法的人，參與治療計畫的人在沒有會面時，會藉由寫出這些治療步驟來保持聯繫）。然後在見面時，這些學童在至關重要的人面前表明自己的想法，在整個團體面前說出自己解題的過程。

這是否是魯克辛的教學法空前成功的原因？他跟許多沒有安全感的人一樣，經常在自謙與自傲之間擺盪。他一方面告訴我，自己頂多是平庸的數學家，一方面又在三天內五度說到莫斯科的教育部曾給他一份工作邀約（但他拒絕了）。同樣地，他告訴我好幾次，他的教學法可以仿效，也已經有人仿效，而且結果相當驚人：他的學生在前蘇聯陣營各地，以訓練數學競賽選手謀生。但在其他時候，他卻說他是個魔術師，在這些時候他看起來總是最真誠。「教學有幾個階段。」他說：「有學生、學徒的階段，就像中世紀的行會。然後是工匠、大師，這些是精通的階段。然後還有藝術階段。但在藝術階段之後其實還有一個階段，也就是魔力階段，就像魔法一樣。它關係到的是領袖魅力和種種其他事物。」

原因也可能是魯克辛比先前或以後的教練，都來得有幹勁。他的確做了一些數學研究，但這在他的一生中幾乎像是副業，他的正職是：創造世界級的數學競賽選手。這種一心一意的熱情裡外都讓人覺得很像魔術。

魔術師需要有意願又容易受到外界影響的觀眾，才能使魔術奏效。其實從種種客觀因素來看，魯克辛並不適合當數學老師，但他不僅四處尋找最有潛力的神童，還追尋證明自己能創造數學神童的最佳方法。他注意的不是說話最大聲、思緒最敏捷或競爭力最強的學生，而是吸收最明顯能夠專注的孩子。

魯克辛說，他一開始並沒有察覺佩雷爾曼的心智力量。他在一九七六年曾到列寧格勒的一些地區協助評審工作，看過許多十到十二歲的學童對一些數學問題的解答。他在尋找有可能在數學上有所成就的兒童；數學俱樂部的潛規則允許他們徵召學生，但不能搶別人的學生，所以像魯克辛這種沒有名氣的老師必須儘早積極地尋找學生。佩雷爾曼的解答集也在他的名單上；這孩子的答案是正確的，而且解題方法有時出人意料。魯克辛在佩雷爾曼的解答集中，看不出他比其他孩子突出，但卻看出他很有潛力。所以當納塔森教授打電話提到這孩子的名字時，魯克辛立刻想起他。在終於見到佩雷爾曼後，他發覺佩雷爾曼有超越一般數學家的潛力：這能讓魯克辛實現成為史上最佳數學教練的抱負。能這麼快調整對佩雷爾曼的判斷，肯定需要殉道般的決心，但這也保證他會因一個非凡的發現而獲得酬報：在數十名看似能力相當的學童當中，看出其中一名在未來可能超越其他所有人。

「當每一個人都在唸數學的時候，有一人可以學得比其他人好得多，然後這人明顯獲得更多注意：老師會到他家，教他一些事。」這是戈洛瓦諾夫的經驗談：他不僅有多年時間跟佩雷爾曼一起研究數學，成年後的歲月也大多花在訓練兒童和青少年參加數學競賽上。他是魯克辛選定的繼承人。他把擁有或成為得力門生的意義解釋給我聽。在任何人類關係中，愛都可以產生承諾，而承諾可以促成投入，而投入會反過來加深承諾，甚至可能使愛更加深厚。「這就是得力門生的定義之一，而葛利沙就是這樣：他是深受喜愛的學生，因為他所獲得的比別人多。另外還有很重要的一點是，任何教〔競賽數學〕的人都很清楚，自己可以和不可以說哪些事是自己的功勞。比方說，有些孩子參加〔全俄羅斯〕數學奧林匹亞競賽三、四次，我可以說就算我沒有教他們，他們也有可能參賽兩三次。所以我顯然不是他們能否獲選參賽的主要原因。但是對於一些人，我可以說，對，我就是主要原因。這並不意味這些人愚笨，全靠我把他們教會。這當中所代表的意義是愛。我認為這是魯克辛對葛利沙這個學生的感覺。我也認為他是對的。」戈洛瓦諾夫說還有第三方面，它跟純粹的親近有關。魯克辛有臆想症，博學的戈洛瓦諾夫將他與伏爾泰（Voltaire）相比。在我跟魯克辛聯絡期間，他至少有三分之一的時間在醫院。「魯克辛曾經一度失明。」戈洛瓦諾夫回憶說：「那是在夏令營期間，他和葛利沙同住一個房間。」當時佩雷爾曼是大學生，同時擔任魯克辛的助教。「有一天早上，魯克辛說他在醒來時感到萬分喜悅，因為他看到葛利沙躺在另一張床上。我們不知道哪一件事讓他比較高興：是因為他終於重見光明，還是因為可以看到葛利沙。」

後來有一度，照顧和教導佩雷爾曼成為魯克辛的生活具有意義的原因；魯克辛努力把意義塞入佩雷爾曼的腦袋裡。他促使佩雷爾曼停止學習小提琴——而他在近三十年後跟我講到這件事時的嘲弄口吻，令我印象深刻。「那只是猶太小村鎮似的夢想。」他皺著眉頭說：「學拉小提琴，然後在婚禮和葬禮上演奏。」

魯克辛跟所有競賽運動的教練一樣，不喜歡自己的學生花時間做其他事。他宣稱他把哈里夫曼（Alexander Khalifman，後來的西洋棋世界冠軍）踢出他的數學俱樂部，因為他選擇下棋，而不是做數學。魯克辛也跟許多教練一樣，認為自己從事的是最公正、最真和最美的運動。而且他跟許多教練一樣，把發展學生的數學競賽技巧和整體性格視為自己的使命。在學生年紀漸長後，魯克辛只要看到他們做他認為不莊重或會讓人分心的事，像是親吻女孩之類的，就會不停叨唸，而且他實在太常抓到他們做這些事，以至於有些男孩開始懷疑他派偵探跟蹤他們。〔10〕佩雷爾曼從沒在這方面讓他的老師失望；魯克辛再三告訴我：「他對女孩從來不感興趣。」

每週有兩個傍晚，魯克辛會在他的數學男學生和幾個女學生的陪同下，從列寧格勒少年宮走到維特布斯克火車站（Vitebsk Railroad Station），跟佩雷爾曼搭同一班火車離開。魯克辛很早婚，跟太太和岳母住在市外的歷史古鎮普希金（Pushkin）；佩雷爾曼跟父母和妹妹同住在南方市郊的庫培奇諾（Kupchino），一個沉寂的混凝土公寓區。魯克辛和他的學生一起搭地鐵到最後一站庫培奇諾後，佩雷爾曼會下車，走路回家，魯克辛則轉搭有硬木座椅的通勤火車，二十分鐘後才到普希金。魯克辛跟佩雷爾曼同行的時候，發現一些關於他的事，例如他發覺佩雷爾曼搭地鐵時不會拿掉毛帽的耳罩。「他不僅不會脫掉帽子，」魯克辛回憶說：「甚至不會拿開耳罩，而且說如果他拿掉的話，他母親肯定會殺了他，因為她對他說永遠不要拿下帽子，不然會感冒。」地鐵車廂一般會加溫到正常室溫，但佩雷爾曼的腦筋固執到不會隨環境的細微差異做調整。規則就是規則。

魯克辛不僅引導學生學習數學，也介紹他們進入文學和音樂的領域，並以此為己任。當他批評佩雷爾曼讀的書不夠多時，佩雷爾曼反問他為什麼要讀書。在聽到魯克辛認為讀書很「有趣」的論點後，佩雷爾曼回答，任何需要唸的書都會列在學校的必讀書單上。魯克辛在音樂方面的運氣比較好。佩雷爾曼剛到數學俱樂部時，只喜歡清晰精準的古典樂曲，一般是小提琴獨奏。在解題時，他經常發出俱樂部同學稱之為「號叫」和「聽覺恐怖」的聲音；但被問到這點時，佩雷爾曼解釋說他是在哼唱聖桑（Camille Saint-Saëns）的「序奏與輪旋奇想曲」（*Introduction and Rondo Capriccioso*），這是一支小提琴曲和管弦樂曲，以清晰的樂風和小提琴獨奏名家的傑出演奏著稱。然而，在一次夏令營中，魯克辛成功地讓這個學生對聲樂產生興趣，並從此開始有系統地接受音樂：從較低的音域開始，然後逐漸接受高音，但是當魯克辛試圖介紹為保持少年音域而閹割的男歌手所唱的歌曲時，佩雷爾曼拒絕，認為它們「不自然」，所以「無趣」。

魯克辛一點也沒有對佩雷爾曼感到失望，似乎反而因為他偏好自然而覺得高興。在兩人的師生感情中，他們一直是彼此互補的最佳夥伴。佩雷爾曼可以成為魯克辛永遠當不了的數學競賽選手，而魯克辛則可以代表佩雷爾曼與外界互動，同時保護這個學生不受外界傷害。他們（或許該說是魯克辛）創造出他們在比較實際的層面也能互補的情況。在夏令營的時候，十五歲的佩雷爾曼第一次離開母親到不同的地方生活，這時是魯克辛照顧他的日常需求。個人衛生向來是棘手的問題，但魯克辛偶而能成功地讓佩雷爾曼換襪子和內衣，把髒衣物裝在塑膠袋裡，因為他拒絕清洗它們，就像他時常拒絕洗澡一樣。佩雷爾曼也拒絕跟其他男孩去游泳，因為他不喜歡水，更重要的是他看不出做這種與智識無關又不具競爭性質的休閒活動有什麼意義（他倒是會打乒乓球，而且非常擅長，競爭力很強）。於是魯克辛讓他當自己的助手：魯克辛跟學童到水裡玩，在較深的一端游泳時，以自己的身體為界線，不准學童游到他的另一邊；這時佩雷爾曼會坐在岸上，不停數人頭，確保沒有人失蹤。隨著時間過去，魯克辛發現還能以其他方式來運用佩雷爾曼的腦筋，以提高自己做事的效率。比方說，當時在唸大學的佩雷爾曼會從數千道數學問題中選出適合訓練的問題集。「如果說由我來做那些工作，要花時間 t。」魯克辛告訴我：「葛利沙來做只需要 $\frac{1}{5}t$ 的時間。現在這些問題集都成為俱樂部的經典題目，已經沒有人記得哪些是我選的，哪些是葛利沙選的。」

他們就像數學天堂裡的最佳雙人搭擋。

註釋

1 戈洛瓦諾夫，作者訪談，聖彼得堡，二〇〇八年十月十八日和十月二十三日。

2 根據魯克辛的說法，這三名男孩是後來成為化學家的舒賓（Nikolai Shubin），以及後來都成為電腦科學家的瓦西里耶夫（Alexander Vasilyev）和列文（Alexander Levin）。

3 蘇達科夫，作者訪談，耶路撒冷，二〇〇七年十二月三十一日。

4 魯克辛，作者訪談，聖彼得堡，二〇〇七年十月十七日和十月二十三日，以及阿布拉莫夫（Alexander Abramov），作者訪談，莫斯科，二〇〇七年十二月五日。

5 摩根（John Morgan），作者訪談，紐約市，二〇〇七年十一月九日；布萊格（Yuri Burago），作者電話訪談，二〇〇八年二月二十六日。

6 訪談魯克辛。

7 作者在二〇〇八年二月十三日造訪聖彼得堡的數學教育中心。

8 http://mathworld.wolfram.com/PartyProblem.html, accessed March 19, 2009.

9 Ronald Graham, BruceRothschild, Joel Spencer, *Ramsey Theory* (New York: John Wiley and Sons, 1990).

10 訪談戈洛瓦諾夫。

第三章 美麗的學校

佩雷爾曼長大後，學會把嘴裡含混不清的話，組合成漂亮、準確、正確的句子，但是他的敘述方法仍然紊亂，就像在對自己說話。魯克辛說，在頭三、四年，數學俱樂部裡最厲害的明星是一個名叫列文（Alexander Levin）的男孩，他「會解釋自己的解法，幫助別人了解如何解題。葛利沙所說的，卻是他自己與一個獨特數學問題之間的交流。他們倆的對比就好像講述醫學史的醫生，跟講自己如何坐在生病的孩子床邊，替他擦額頭，聽他沉重呼吸聲的母親。葛利沙就像這樣的母親一樣，他說的是自己如何解題的故事。即使有不同、甚至更快速的解法，他仍然只會說自己如何解題。在他說完後，我經常得到黑板前面，指出哪裡重要，哪些可以去除或簡化——這並不是因為他沒有看出這些，而是因為他根本不會講解這些」。

驚人的是，佩雷爾曼學會解釋，而且做得跟魯克辛一樣好。想想看，對一個天生習於根據字義來了解事物的人來說，日常語言有多難掌握。用語言來探索這個世界不僅不夠精確，令人感到挫敗，而且語言還含有個人意志，所以極度不正確。根據心理學家暨語言學家平克（Steven Pinker）

的觀察，「語言描述空間的方式跟幾何學的任何已知方式都不同，有時在言及事物所在的位置時，會把聆聽者引導到空中、海裡或黑暗的世界。」〔1〕平克特別提到，在語言中，物件（object）有根據重要性排列的主要與次要維度。一條道路被想像成一維，如同河流和絲帶一樣——它們全都只有長度，如同幾何學中的線段。「一**層**或一塊**厚板**有兩個定義面（surface）的主要維度，」平克繼續說道：「以及一個有界的次要維度，也就是厚度。一根**管子**或**橫梁**只有長度這一個主要維度，以及向外鼓起並構成截面的兩個次要維度。」〔2〕

當我們把物件分為容積與邊界時，語言造成的問題甚至更大。我們把一塊板（plate）的邊界描述為條（stripe），並將這兩者都描述為二維物件，對於重視字義的心靈來說，這全是錯誤的：條不是一塊板實際的邊界（板的邊緣〔edge〕才是），而且一塊板是三維物件。此外，**終點**（end）和**邊緣**等字詞也被用來表示從零維到三維等多種形狀。〔3〕更糟的是，語言除了在描述物件時太過隨便之外，對於實際的形狀還有無數種名稱。在英文中，用於指稱形狀的名稱可能多達上萬；而在所有的人類語言中，形狀名詞的數目極多，它們定義形狀的能力卻遠遠不足。對於重視字義的心靈來說，這實在令人憤慨：我們要怎麼用語言來描述我們無法適當定義、卻還堅持要以不正確的方式定義的事物？

以著名的莫比烏斯帶（Möbius strip）為例，它是一條帶子在扭轉後再把兩端接合所形成的。語言一遇到它就無所適從。我們是要把它視為一維物件，說某物**沿著**（along）帶子移動；還是要把它視為二維物件，說成**繞著**（around）帶子移動；或是如同二〇〇六年一部動畫影片的標題一樣

〔編注：指迪士尼動畫師柴卡（Glenn Chaika）執導、中國投資的3D動畫《魔比斯環》（*Thru the Moebius Strip*）〕，說它**穿過**（thru）這條帶子，而暗示它是一個三維物件？一個重視字義的心靈只能在幾何學中尋求慰藉，在幾何學的想像世界裡，每個形狀都有清楚的定義。中學教的幾何學，包括其基本定理和精確測量，事實上已代表日常語言的顯著進展，但是幾何關係的精髓仍在於拓樸學。在此情況下，一般難以了解的莫比烏斯帶會成為目前已知最早的拓樸問題之一，也就不足為奇了。[4]以拓樸學而言，有**明確的定義**並不意味著每個形狀都能輕易視覺化。相反地，這意味著每一個形狀都僅具有其定義下的特質。一個形狀具有特定數目的維度；它有可能是有界的；它有可能平滑或不平滑；有可能是單連通（simply connected）或不是單連通，換句話說，它有可能具有孔洞或沒有孔洞。拓樸學中的物件有可能是球形，亦即它所有的構成點與球心的距離是相等的，但是拓樸學特別提到，即使一個球形發生凹陷，它的必要特質不會改變；球形的形狀可以輕易改變，因此它在想像外觀上發生的暫時性改變可以忽視。如果球形上出現一個孔洞，這樣的變化就不容忽視：這時這個球形不再是球形，而是環面（torus）；環面與其周遭的關係不同，而且也無法輕易重新構成一個球形。拓樸宇宙不適合平克那些腦筋急轉彎之類的謎題：「水桶裡放置（put）什麼東西，會使水桶變輕？」「一個洞！」對重視字義的心靈來說，這個問題一點也不好玩。任何地方都無法**放置**一個洞。此外，一個形狀如果多了一個洞，意味著這個形狀已經跟先前不同；水桶不會變得比較輕，因為它已不再是水桶。

一般來說，即使是數學家也是到進入大學後才開始研究拓樸學；傳統上認為這個學科太過抽象，無法教兒童。但是像佩雷爾曼這樣既不靠視覺，也不靠數，而是靠系統和定義來進行思考的無庸置疑的數學家，天生就適合研究拓樸。大約在佩雷爾曼唸八年級（差不多十三歲）的時候，到數學俱樂部的客座講師有時會教授拓樸學。拓樸學召喚著佩雷爾曼，引他進入比他已經在探究的傳統幾何學更深奧的世界，這就如同在中學音樂劇《安妮》（*Annie*）中賺人熱淚的學童，會受到百老匯燈光的召喚。後來佩雷爾曼就在拓樸學的世界中成長，最後精通這門學問所有的規則與定義。他就像形狀法庭裡的律師，最終能清楚、精準地論證為什麼一個三維單連通封閉物件（simply connected closed object）一定是球形。後來魯克辛照亮了佩雷爾曼在那個世界的路，像使者一樣引領他走向數學的未來，並且默默向佩雷爾曼承諾，會讓他在列寧格勒過安全而有秩序的生活，如同在他的想像世界裡一樣。

這個承諾就是列寧格勒的239號數學專業學校（Specialized Mathematics School Number 239）。

佩雷爾曼滿十四歲那年的夏天，每天早上都從庫培奇諾搭火車到普希金，在魯克辛的指導下學習英語，打算在一個夏天內唸完相當於四年課程的英語，這樣佩雷爾曼才能在九月時進入列寧格勒的239號數學物理專業學校（Specialized Mathematics and Physics School Number 239）。這是完全沉浸在學習數學裡最快的捷徑，外界干擾最少。

這所數學專業學校有一個奇特的故事，可追溯至柯莫哥洛夫。柯莫哥洛夫在二次大戰期間的戰事中扮演舉足輕重的角色，因此在蘇聯的頂尖數學家當中，只有他避開被徵召參加戰後軍事活動的命運。他的學生一直很好奇原因何在[5]——唯一可能的解釋似乎是柯莫哥洛夫的同性戀傾向。他的終生伴侶是拓樸學家亞歷山德羅夫（Pavel Alexandrov），兩人從一九二九年開始同住。[6]在兩人共同生活五年後，蘇聯將男同性戀視為罪犯，但是對同性戀情沒怎麼遮掩的柯莫哥洛夫和亞歷山德羅夫，顯然沒有受到法律制裁。他們互稱對方為「朋友」，但沒有隱瞞彼此的生活關係。學術界就算沒有把他們視為伴侶，至少也接受他們是一對的事實：他們通常一起做學術預約，一起訂蘇聯科學院聚居區的房舍，一起捐款給軍事救濟活動[7]。柯莫哥洛夫八十歲時，為報導其生平的紀錄片最後一次接受訪問，在介紹他跟亞歷山德羅夫共同建立的家時，曾經要求製作人使用巴哈的雙小提琴協奏曲[8]，這首巴洛克樂曲是由兩支小提琴相互演奏譜成。

無論是基於什麼原因，反正柯莫哥洛夫不需要參加軍事工作，所以能自由地把大量精力奉獻在他從年輕時開始就想為數學家創造的世界上。柯莫哥洛夫和亞歷山德羅夫同樣出身於盧津神奇的數學國度「盧津塔尼亞」，所以希望能在他們位於莫斯科外的鄉間別墅重新創建一個這樣的國度。他們會邀請學生前去一段時間，一起漫步，越野滑雪，聆聽音樂，討論他們的數學計畫等等。

柯莫哥洛夫的學生出版了無數的追思錄，其中一本曾說道：「我們的大學畢業生組跟柯莫哥洛夫互動的情形，幾乎像傳統的希臘方式。」事實上，每個跟柯莫哥洛夫相處過的人似乎都會因為感動而寫下有關他的事。「這位身強體壯的數學家會精神勃勃地穿過森林或沿克利亞茲馬河（Klyazma River）河岸散步，有時徒步，有時滑雪，身邊圍著一群年輕人。這些害羞的學生會跟在他後頭跑。他幾乎說個不停——儘管他說的並不全是數學，反而以其他事情居多，這一點或許跟古希臘人不同。」[9]柯莫哥洛夫認為一個人想要成為偉大的數學家，必須具有音樂、視覺藝術和詩方面的涵養，而且強健的體魄同樣重要。他的另一名學生在追思錄中寫道，柯莫哥洛夫曾經特別稱讚他很會摔角。[10]

柯莫哥洛夫心目中的優良數學教育，是在種種影響下塑造而成的。這些影響在世界任何地點都會是很奇特的組合，但是在二十世紀中葉的蘇聯，這卻幾乎令人難以置信。柯莫哥洛夫出身富裕的俄羅斯家庭，他的家族先前曾在莫斯科北方約一百五十英里處的雅羅斯拉夫鎮（Yaroslavl）創建一所學校，並在當地辦過一份兒童報紙，由柯莫哥洛夫和其他家族成員共同撰文。他在五歲時就寫過一個數學問題：縫四孔的鈕扣時，可以用線創造出多少種不同的樣式？[11]除非有時間，否則別嘗試解這個問題；我知道有兩位數學家就解出了不同的答案[12]，他們同是柯莫哥洛夫的學生。

一九二二年時，柯莫哥洛夫十九歲，在莫斯科大學唸書，當時他就已經展露出數學新秀的天分，並開始在莫斯科一所實驗學校教數學。[13]驚人的是，那所學校是以紐約著名的道爾頓學校（Dalton School）為模型建立的，道爾頓學校因伍迪．艾倫（Woody Allen）的電影《曼哈頓》（*Manhattan*）和其他事跡而聲名不朽。道爾頓學校和柯莫哥洛夫任教的波提利卡示範實驗學校（Potylikha Exemplary Experimental School）都是以道爾頓計畫（Dalton Plan）[14]為藍本，而這項計畫的主要概念是呼籲為每一名學生制定個別的教學計畫。每個學童都有一份專屬的月讀書計畫，並且獨立學習。「所以每一名學生在學校的時間大多坐在課桌前，或是到學校的小圖書館借閱書籍或寫些作品。」柯莫哥洛夫在最後一次接受訪問時回憶說：「老師坐在教室的一角看書，學生則輪流把做好的功課拿給他看。」[15]這可能是第一次有老師靜靜坐在書桌後看書的教法；數十年後，數學俱樂部的教練就是這麼做的。

當時的數學俱樂部向來清一色是男孩。一九六五年柯莫哥洛夫帶學生去旅行時，在寫給亞歷山德羅夫的信裡慈愛地稱那些學生為「我的男孩們」，並且說：「在海拔兩千四百公尺的高度才待了三小時，我的男孩們就全部嚴重曬傷（因為他們四處亂走，有的穿著游泳褲，有的沒穿），以至於他們接連兩個晚上幾乎都無法入睡。」[16]柯莫哥洛夫對學生那種隨性、快樂的同性喜愛，彷彿來自截然不同的時空。在鐵幕將蘇聯與世界其他地方隔開以前，柯莫哥洛夫和亞歷山德羅夫有時會一起旅行。亞歷山德羅夫比柯莫哥洛夫年長七歲，在兩人相識前就經常四處旅行，但他們倆在一九三〇至一九三一學年間同時待在國外[17]，有時是兩人一起。他們先從柏林開始，當地正值所有文化蓬勃發展的時期，特別是男同性戀文化[18]。他們把能力所及範圍內的一切引入蘇聯，包括書籍、音樂和思想。亞歷山德羅夫在一九三一年寫信給柯莫哥洛夫時說：「有趣的是，所謂的摯友似乎純粹是亞利安人的構想：希臘人和德國人似乎一直有這個構想。」[19]當時所說的亞利安人，不像數年後那樣具有不同的意涵。「在當代世界，要找到獨一無二的朋友是很難的事。」柯莫哥洛夫回信時悲嘆地說：「妻子總是自稱能承擔那角色，但同意這樣的事也太過悲哀。在亞里斯多德的時代，這兩個角色從來沒有關係：妻子是一回事，朋友是另一回事。」[20]柯莫哥洛夫從德國帶回一些歌德（Goethe）的詩集，歌德後來一直是他最喜歡的詩人。柯莫哥洛夫和亞歷山德羅夫在彼此往返的所有信件中，仔細談到自己參加的音樂會及聽到的音樂，在黑膠唱片問世後，他們就開始蒐集。亞歷山德羅夫每週在大學主持古典音樂夜，放唱片和有關音樂及作曲家的演講；亞歷山德羅夫過世後，年近八十且因帕金森氏症而跛腳的柯莫哥洛夫接手了主持工作。[21]

古典音樂與男性情誼，數學與運動，詩與想法，共同塑造出柯莫哥洛夫對理想人類與理想學校的看法。他在四十歲時寫下「如果願望夠強、人夠勤奮的話，要如何成為偉人」的計畫。[22]根據這項計畫，他必須在六十歲以前完成現在的研究工作，並把餘生貢獻在中等學校的教學上。他實現了這項計畫：一九五〇年代，他再度攀上創造力的顛峰，跟三十多歲時一樣有大量出版問世（以數學家來說很不尋常），然後他停止研究，把全副注意力放到教育兒童上。

一九三五年，柯莫哥洛夫和亞歷山德羅夫主辦了第一屆莫斯科兒童數學競賽[23]，為最終形成的國際數學奧林匹亞競賽奠定了基礎。二十五年後，柯莫哥洛夫與蘇聯核子物理學方面非正式的領導人物吉科因（Isaak Kikoin）進行合作[24]，當時後者已經舉辦過類似的物理競賽。由於蘇聯認定科學唯一的價值在於軍事，兩人共謀使蘇聯領導人相信，專攻數學和物理的精英高中，能為蘇聯提供贏得軍備競賽所需的智慧。這項計畫獲得中央委員會的年輕委員布里茲涅夫（Leonid Brezhnev）的支持；五年後，布里茲涅夫成為蘇聯領導人。一九六三年八月，部長會議（Soviet of Ministers）頒布創建這所學校的法令；同年十二月，學校開始營運。[25]在莫斯科、列寧格勒和新西伯利亞，很快又有六所類似的學校開始運作。這些學校大多由柯莫哥洛夫的學生管理，他個人則監督課程發展。

同年八月，柯莫哥洛夫在莫斯科外的一個城鎮籌辦夏季數學學校。[26]一共有四十六名在全俄羅斯數學奧林匹亞競賽中表現優異的高中高年級生參加。柯莫哥洛夫和他的研究生主持講習會，為這些男孩舉辦數學講座，帶他們到附近的森林健行。最後，有十九名學生獲選進入莫斯科新成立的數學物理寄宿學校。[27]

他們抵達一個奇異新世界。柯莫哥洛夫夢想建立這所學校已經四十年，他不僅以道爾頓計畫為藍本發展出個人教學法，同時還發展出一套嶄新的課程。數學講座的目的在於引進真正研究界的構想[28]，同時將學生的多種背景納入考量，因為柯莫哥洛夫強調要選擇閃現他所謂「神般才氣」的人[29]，而不是對高中數學有徹底了解的學生；有些講座是由柯莫哥洛夫親自授課。此外，這所寄宿學校可能是蘇聯唯一一所教古器物歷史課的高中。[30]它的體育課時數也比蘇聯一般的學校多。[31]再者，柯莫哥洛夫還教授學生音樂、視覺藝術和古俄羅斯建築。[32]他還帶學生去做划船、健行和滑雪的旅行。[33]「我們喜歡旅行和詩。」一名學生在回憶錄裡寫道：「我們當中只有少數人了解音樂：那至少需要一些背景。幸好〔柯莫哥洛夫〕沒有強調社會科學的重要性。」[34]換句話說，柯莫哥洛夫不僅積極地讓學生深刻體會他所重視的文藝復興價值觀，同時也讓他們不必接受馬克思主義的灌輸，那原本是中學和大學的必修課程。

柯莫哥洛夫的目標不僅在於建立少數精英學校，以培育有天分的數學家，同時也是為了把真正的數學教給所有學得來的兒童。他發展的課程不是要求學生算加減法，然後變得混淆不清，而是為了教學童以清楚有趣的方式思考數學。他監督課程改革工作，儘早引入含變數的簡單代數方程式及電腦的使用。[35]此外，柯莫哥洛夫也嘗試修訂中學教授的幾何學知識，為了解非歐幾何（non-Euclidean geometry）提供了途徑。[36]一九七〇年代中葉，我進入獲選試用這些新教科書的一所學校就讀（這所學校並不是數學專業學校，而是學生多樣性大得多的「實驗」學校）。我應該是在唸三年級的時候，讓我身為電腦科學家的父親大吃一驚，因為他發現我居然了解全等（congruence）的概念。這個概念對我來說非常合理：比方說，兩個三角形在各個方面完全相同時可視為全等。舊教科書使用的字眼**相等**（equal）顯然比較不精確。

奇怪的是，正是向學童介紹全等概念一事，迫使柯莫哥洛夫第一次與蘇聯制度發生嚴重的衝突——這是他數十年來半靠運氣、半靠細心努力避免的。一九七八年十二月，七十五歲的柯莫哥洛夫在蘇聯科學院數學部的大會上遭到訓斥。他的同事一一發言，批評他使用congruence（全等）一字，還有由他監督編訂的教科書對vector（向量）採用困難的新定義，以及把集合論做為數學課程的基石等等。他們認為這些都證明了一個更大的缺失：這些改革及其作者顯然是反蘇聯的。「這些事情只會令人感到厭惡。」蘇聯頂尖數學家龐特里亞金說：「這是災難，一種政治現象。」[37]報紙的譴責接踵而來：告發改革課程的作者「受到〔集合論〕外國資產階級意識形態的影響」[38]。他們有其論點。當時美國、事實上整個西半球所進行的教育改革，反映出柯莫哥洛夫的努力。在新數學（New Math）運動的帶動下，數學家開始積極參與中等學校的教育[39]：集合論在低年級就已開始教授，並構成所有數學教學的基礎。當時哈佛心理學家布魯納（Jerome Bruner）在觀察後指出，它具有「引導〔學生〕以嶄新的眼光來看發現的可能性」[40]。後來，三年級程度的數學終於容易為人了解，並且被蘇聯的報紙拿來大作文章——揭露柯莫哥洛夫骨子裡無疑在做的事：在蘇聯推動西方文化的影響。

年紀漸長的柯莫哥洛夫一直沒有自這場醜聞中完全復原。他的健康嚴重惡化，罹患帕金森氏症並失去視力，最後也失去了語言能力。他的一些學生認為他之所以會生病，是因為遭到公開羞辱，以及可能是刻意攻擊所造成的頭部創傷〔41〕：柯莫哥洛夫在走過一棟大學建築物時，遭沉重的大門撞擊，他認為可能有人故意用力撞開它，因為他旋即看到那人跑走。只要還有能力，柯莫哥洛夫就會繼續到那所寄宿學校講課，或許教得還稍微久一點。後來柯莫哥洛夫於八十四歲過世時已無法言語、目盲，也喪失了行動能力，但身邊圍繞著學生。他們在最後兩三年輪流到他家，二十四小時照顧他。〔42〕

造成柯莫哥洛夫改革提案窒礙難行的意識形態衝突，確實存在。他的計畫主張按照高中生對數學的興趣和能力進行分組，讓最資優、動機最強的學生能儘快獲得最大的進步。蘇聯整個中等教育制度的基礎則在於一元化（uniformity）：每一個人都在相同的時間，學習相同的事物，使用相同的教科書。〔43〕但是蘇聯仍舊渴望國際威望——事實上，自從二十世紀後半的科技競爭升溫後，這項需求變得日益明顯。成人數學界必須培養一定數量的天才，以便在國際會議中大放異采；資優兒童的小世界也一樣，國家必須提供類似溫室的環境，才能培育出可以參加國際數學與物理奧林匹亞競賽的選手。此外，數學資優生的世界也跟成人數學界一樣，要讓所有成員享有舒適的空間，勢必無法容納所有資質優異的學生；如果要進入這個圈子，猶太學童必須比非猶太學童加倍優異，還要比共產黨忠誠黨員的子女優秀四倍才行。

或許由於學校太少，以至於它們全都相當類似，並且在受到柯莫哥洛夫的做法影響下，不僅注重數學和物理，同時愈來愈重視音樂、詩和健行——而且所占的比例不低，因為柯莫哥洛夫的學生對這些學校大多有直接的影響。這些學校全都必須接受嚴格的調查：意識形態督學經常到柯莫哥洛夫的寄宿學校視察，在柯莫哥洛夫的課程改革遭到抨擊後，變得更加謹慎。學校的支持者經常在召喚下，到宣稱「精英教育不能存在於我們的社會」〔44〕的有關當局面前為學校辯護；莫斯科的2號學校（School 2）顯然是許多擔心的家長，以及因重視蘇聯議題而感到憤怒的老師公開指責的對象〔45〕，最終甚至導致它的共同創辦人遭到開除；239號學校也在國家安全委員會（KGB）的施壓下，失去一些最受歡迎的老師〔46〕，而它的校長經常因收進太多猶太學生遭到申斥〔47〕（根據歷史傳說，每四所列寧格勒的數學學校，就有兩所是因為招收太多猶太學生而在一九七〇年代關閉〔48〕）。當時所有數學學校共有的特色，就在於它們匯聚了聰明的學生、有才華的老師，以及追求智識的迫切心態：學生只能在學校待兩三年，而學校隨時可能遭有關當局查封。

當時這些學校選擇老師的方式跟蘇聯最優秀的大學相當。事實上，很多時候，他們是同一批人。柯莫哥洛夫把他的學生帶到他的學校教書，而這些學生後來又徵召自己的學生。有些老師是因為自己的孩子上同所學校，主動過來教書；有些則是基於相同的原因被迫前來教書。2號學校的畢業生回憶起莫斯科的知識精英紛紛來到學校時，主任設下了入學的代價：在大學任教的父母必須提供選修課。〔49〕結果，學校的告示板上，貼滿由不同領域的頂尖人物提供的選修課公告〔50〕，一度多達三十個。如果當時跟它們一樣的學校很多，優秀講師的集中程度顯然不會這麼高。當時蘇聯當局試圖抑制這些學校的數目，結果反而創造了自由思想的溫床。

「這所學校之所以與眾不同，原因就在於學生的才能和智識成就使他們變得更加受歡迎，更加重要。」一九七二年自列寧格勒一所數學學校畢業、後任職於波士頓的一名電腦科學家回憶說。[51]出了學校後，他們尊重彼此的體育成就，而既有體制獎勵的則是無產階級出身或蘇聯共產主義青年團（Komsomol）的熱忱。在校內，校外世界對意識形態的要求遭到藐視：有些學校允許學生不穿制服[52]（儘管他們仍必須穿夾克打領帶，留短髮）；有些老師在課堂上大聲朗讀遭禁的文學作品[53]（但會避免說出作者姓名或書名）。「還有什麼比在十六、七歲時不必說謊更好的事？」作家伯格（Mikhail Berg）在回憶錄裡談到他在列寧格勒一所數學學校的歲月時說：「你去面談，獲得入學許可，然後成為學校社群的一員，在那裡，蘇聯的影響比外界小得多。但要獲得在這小天地裡自由呼吸的機會，你得付出代價才行：每天都得謙恭地將自己的天賦才能祭獻給神——數學與物理兩姊妹，以及其母親『邏輯』。在數學與嚴謹的邏輯裡，沒有意識形態的空間：它跟邏輯就像水與煤油一樣互不相容。」[54]沒錯，這些學校仍是蘇聯的學校，同樣具有蘇聯共產主義青年團的組織、告發和「初級軍訓」課，但是跟蘇聯其他地方相比，這裡對言論和思想的限制已經寬鬆到幾乎不存在的地步。這些學校設法創造出能保護學生抵禦蘇聯國家壓力的世界。而在他們的學生中，有的是支付數學學費，以獲得一定程度的智識自由，例如伯格；有的是支付智識學費（例如研究古代），以便獲得研究數學的自由，佩雷爾曼就是其中之一。

這些學校不僅教學生如何思考，也告訴他們思考會獲得獎勵，而且是公平的獎勵。換句話說，他們培養很難適應蘇聯生活的人，有些人甚至可以說，他們培育了在任何地方都很難適應真實生活的人。這些學校培育出自由思考的知識分子。一名從柯莫哥洛夫那所寄宿學校畢業的學生，回想起向歌手兼作曲家金姆（Yuli Kim）學習的情形：「由於他的關係，我們覺得自己像神一樣：我們過自己的生活，有所成就，還有專屬的歐非斯（Orpheus）歌頌我們。」[55]金姆是蘇聯最著名的異議分子之一，在那所學校教文學（直到一九六八年在國家安全委員會的強迫下遭解雇為止）。

對種種差異都很敏感的蘇聯體制，在這些學生一旦畢業後，就會拒絕他們，盡可能增加他們的阻礙。在我原本應該從莫斯科的數學學校畢業那一年（因為我跟家人移民到美國），沒有一名畢業生被莫斯科大學力學數學系（Mechanics and Mathematics department）錄取，而老師也特別就這一點警告過我們。大多數畢業生相信他們可以在任何大學的大一課堂上打瞌睡，然後仍然能在考試中拿到優異成績，而這種說法其來有自。由於只有極少的學生獲准進入列寧格勒大學，因此列寧格勒239號學校必須和次好的大學建立關係[56]，讓他們所學超多又過於自信的學生有大學可唸。這些學生或許認為自己像神一樣，但是當他們離開高中後，卻發現自己無法進入井然有序、防護嚴密的蘇聯數學主流界。他們不是全都能成為數學家，甚至只有少部分的人能成為數學家，而且即使成了數學家，也注定要進入非常奇怪的數學次文化世界。

柯莫哥洛夫本人對正式的數學界並不陌生。他算是特立獨行的圈內人，而他之所以能受到保護，大部分是因為他早年在國際數學界贏得卓越的聲望，其後又能輕易維持名聲數十載。儘管如此，他仍花了無數年月，為科學院形形色色的成員協調教學時數、加薪和公寓。據說他極度謹言慎行，也從不忌諱說出他對祕密警察的恐懼[57]（事實上，他曾暗示跟他們有過合作關係），但後來在他的學生發出反體制的怨言後，擔任莫斯科大學力學數學系系主任的他，在一九五七年遭到解雇[58]。

儘管在體制下的生活有許多日常緊急情況，柯莫哥洛夫仍秉持著他傳達給學生的理想。他以豁達地分享自己的想法著稱[59]：在花數星期針對一個問題打好研究基礎後，他會把它交給一名學生，而這名學生可能會花幾個月、甚至一生的時間研究它。他宣稱自己對解答的作者權不感興趣[60]，只要偉大的數學問題能真正解決就好。換句話說，即使受到蘇聯數學界的讚頌，並且公認是當代最偉大的俄羅斯數學家，他仍對蘇聯數學圈反傳統文化的理想表示支持。無數柯莫哥洛夫的學生後來成為這個反傳統文化的領袖，而柯莫哥洛夫就是指引他們的明燈。

對柯莫哥洛夫的學生及承接其後的許多學生來說，柯莫哥洛夫的願景是福音般的真理。在他的理想世界裡，沒有欺騙或暗箭傷人，沒有女性和其他會令人分心的不當事物，只有數學和美麗的音樂，以及人人都能爭取的獎賞；有好幾世代的俄羅斯數學男孩都深信這個真理。伯格曾經寫道：「我們許多人在畢業後都想終生把這個學校帶在身上，就像烏龜的龜甲一樣，因為唯有在它精準且符合邏輯的規則規範下，我們才會感到舒服。」

魯克辛能提供佩雷爾曼的，就是在符合邏輯和易於了解的規則氛圍下生活，而做為交換，佩雷爾曼必須在一個夏天學習英語並有優異的成果；魯克辛也能藉此實現自己的計畫。在當時，數學俱樂部之於數學學校，就像課後樂團練習之於表演藝術高中（High School of Performing Arts）：前者可以讓人暫時擺脫其他的學校生活，但可能創造出卓越的專業人士；後者提供完全浸潤的環境和未來的願景。這兩個世界儘管相關，卻截然不同。如果魯克辛的計畫能實現的話，意味著這兩個世界能夠融合。在列寧格勒數學俱樂部的歷史上，所有適當年齡的俱樂部成員首度能一起上高中。平常他們必須通過申請，到兩家列寧格勒數學學校之一，接受最後兩年的中等教育，而且他們必須分散在不同的班級裡，才不至於影響任一班級的數學教學。一般預期數學俱樂部成員在數學學校裡，就像置身在有天分的業餘運動員當中的職業選手，他們在數學學校上課時，有時會覺得枯燥無味，等著其他學生趕上。魯克辛有個極為不同的想法：他想創造出大多由數學俱樂部成員構成的班級，加上一些來自物理俱樂部的學生，再讓天賦和動機格外強的其他學生提供協助，藉此排除所有其他學生（對他來說，這是最重要的）。按照魯克辛在二十五年後形容給我聽的說法，凡是沒有沉浸於數學或至少科學學科裡的學生均不得進入這個班級，「以免腐敗日漸壯大、擴散」。他在心情比較好時解釋道，他希望他指導的學生四周都是興趣類似的人，因為「他們沒有伊頓中學（Eton School）可唸」。此外，還有關於安排上的問題：「他們可以一起過來俱樂部，不會有的學生在一點下課，有的在四點下課。我可以跟他們的老師就他們在學校學的數學和物理，還有我在俱樂部會教的內容進行安排。在教有天賦的小孩時，協調一致的行動總是比較好。他們當中有許多是突出的『黑羊』，這麼做的話，就可以有個老師像我一樣保護他們。」一旦教練及他的數學俱樂部成為這些學生的生活中心，他就不會讓這種情況改變。

要為佩雷爾曼和跟他同類的人創造一個更大、更好的保護罩，唯一的障礙在於外語問題。蘇聯學校一般從五年級開始上英語、德語或法語，若要轉學，新舊學校教的語言得相同才行。239號學校教英語，而若想修德語的學生夠多，也會教德語；佩雷爾曼已學法語四年。魯克辛宣稱自己的英語很差，而且為了說明這一點，還學著英國女王的口音說：「我對英語的知識還有很大的改善空間。」這是典型的魯克辛：他若不是英語極佳，這麼說只是為了獲得讚美，就是他的英語的確很差，而他剛好記住這句話。無論是哪種情況，魯克辛和他奇特的英語學習計畫都占據了佩雷爾曼十四歲那年的夏天。

佩雷爾曼的母親毫無異議地同意讓兒子執行這項課業繁重的學習計畫，先前她就完全聽從魯克辛為佩雷爾曼所做的一切安排——即使這意味著她全家必須留在城裡，而不能像列寧格勒其他中產家庭一樣到鄉間別墅避暑；當時他們家已經多了一個剛學步的小孩，名叫列娜（Lena）。根據魯克辛所言，他的岳母為此大發雷霆地說：「她女兒不僅嫁了一個窮數學家，現在甚至把他那些年輕少年拉回家裡。」由於他們在公寓裡不受歡迎，魯克辛和佩雷爾曼就在城裡大型古蹟公園的無數景觀步道漫步，先學習教科書，然後再練習用英語交談。魯克辛再度證明自己是傑出的教練。那年夏天結束時，佩雷爾曼已經達到能上239號學校的程度。多年後，他能以絕佳的英語寫作，不僅正確也符合英語的慣用方式——雖然他在美國做博士後研究那兩年有一定的影響，他跟魯克辛在公園裡散步那段時間打下的基礎功不可沒。

現在魯克辛所有的「黑羊」都可以一起上學。二十七年後，我去找嫁給蘇達科夫的俄羅斯裔以色列心理學家[61]，探問佩雷爾曼的事。蘇達科夫是佩雷爾曼在數學俱樂部的同伴，後來成為同學，他建議我去找他太太談，因為佩雷爾曼在一九九〇年代中葉造訪以色列時，她曾見過他失去平衡。我想知道她是否注意到任何跟他日後那些奇特行為有關的徵兆。「少來了。」她神情焦躁地說：「我見過蘇達科夫的其他同學，他們全都一個樣。怪異。就像他們是不同東西做的。」她用了俄語來形容，如果直接翻譯就是「他們是用不同麵糰做的」，這形容特別恰當，因為那些矮胖蒼白的少年後來都長成了生麵糰般的蒼白男人。

把這些孩子聚在單單一個教室，對239號學校的許多老師來說，是很瘋狂的主意。「他們在開會時發言說，那實在太困難了。」現任校長葉菲莫娃（Tamara Yefimova）回憶起當時她擔任副校長時的事：「比方說，有個男孩的天分實在太好，他的老師幾乎是含淚來找我，我問那男孩發生了什麼事，他說：『塔瑪拉．波里索夫娜，我準時離開家，然後我只是得思考。』他們就像那樣，很難了解：他們會坐在教室後面，她說她的，而天曉得他們在後面做什麼，或許又是在思考。」這位身材短壯的女校長留著整齊的短髮，外表和聲音都像廣受喜愛的體育老師，而不是一所精英學校的校長；239號這所學校向來自視為俄羅斯的道爾頓或伊頓中學。她年輕時曾管理過一個軍事基地的中等學校，但她不想說它的所在地點。先前黨曾派她到239號學校，監視該校太過自由的氣氛，而那裡也接受她是合理的邪惡：她顯然對她管理下的知識分子有一份真誠的讚賞。她用巧計使這所學校通過無盡的黨視察，而且先前學養比她深厚的前任校長無法做到的事，她卻成功地完成，比方說修理漏水的屋頂和修復大禮堂。但她對數學俱樂部的支持顯然讓一些老師認為，那是她偏好知性主義的一種錯誤表現[62]；她說有幾位老師為抗議這件事而離開學校。無論如何，一九八〇年九月，239號學校成立了第一個數學俱樂部班級。

有些人天生就適合當學校老師。我遇過一些這樣的人，他們具有一種少見的特質：像兒童或青少年一樣臉皮薄，極度敏感易怒，但他們能輕易適應學生的需求，而且在知道自己最好的學生日後會比他們更聰明、教育程度更好時感到安心。里錫克（Valery Ryzhik）就是天生適合教數學的人。[63]他出生於一九三七年，二十五歲開始在239號學校任教，協助發展數學課程，而且在教了二十八年數學後，儘管發言反對，仍被迫接下魯克辛創立的數學俱樂部班。他的工作是教他們數學，同時擔任班導師，有點像美國高中的年級導師。

里錫克認為要把239號學校資質普通的學生教好，最好的方法是藉由指導最好的學生來帶動他們的學習；這個學校的普通學生若在其他學校會是頂尖學生，只不過不是天賦優異的類型。學生回憶說，里錫克會在開學時挑五個最優秀的學生[64]，把全副注意力放在他們身上，讓其他學生藉由觀察來學習。「有督學批評我不教資質普通的孩子。」里錫克在二〇〇八年時回憶說，那時他已經在學校任教近半個世紀。「而我會說，問題不在於不教資質普通的學生；問題在於怎麼教天賦優異的學生——那真的很難，首先是因為他們全都不同。另一個原因是，如果你的教學方法引不起他們的興趣，他們會容忍一、兩天，然後覺得枯燥，開始質疑自己為什麼要讀這所學校。這種事不能發生。你得讓他們在聽課時眼睛發亮才行，我無法跟妳解釋這要怎麼做到。」

里錫克的班上有十名資優生，再加上二十五名青少年，這對他顯然是極度艱巨的挑戰。來自數學俱樂部的孩子個個不同。里錫克回憶說，當時神童戈洛瓦諾夫就坐在最前面，「不讓任何人插嘴，個子小小的。」佩雷爾曼坐在後面，只有在解答或解釋需要修正時才會說話，否則從來不開口。「那時候他會舉手，」里錫克模仿他的動作，只把手舉離書桌一點點而已，「你幾乎看不到，而且他的話就是最後的定論。」儘管如此，佩雷爾曼從來不會像其他資優學生一樣分心，他總是很專心，比方說他從來不會在課堂上解其他問題。他總是坐著聆聽對他沒有實質用途的討論；規則就是規則，如果一個人來上課，他就該聽課。

里錫克在之前也遇過像佩雷爾曼這樣的孩子。「每年我們都會有像那樣的孩子。」他告訴我：「令人好奇的是他們全都有極度謙遜的特質，以學童來說就是拘謹。他們從來不會自命不凡，我想這是在未來有非凡成就的必要條件之一。我也看過像戈洛瓦諾夫的學生，但我從來沒看過他們在數學上有優異成就，他們的成就全都止於職業層次。能超越職業層次的，是不同類型的人。」里錫克以擔任教職練就的眼光，看到一名令人肅然起敬的學生。

里錫克試圖和佩雷爾曼建立私人情誼，部分是因為佩雷爾曼的母親這麼要求。她很早就到學校找里錫克，要求他確保佩雷爾曼做到兩件事：在學校時有用餐，以及有綁鞋帶。西方世界的母親可能會替兒子買方便穿脫的便鞋，但在蘇聯的環境下，無法替心不在焉的學生這麼做。對於確保這兩件事，里錫克從沒成功過：佩雷爾曼走路時，鞋帶總是啪嗒啪嗒地亂甩，而且他不會吃東西。「或許是因為他不能分心。」里錫克指出，「或許他的整個神經系統都投注在學習過程中，以至於連稍微分心都做不到。或許這是血壓問題，他可能覺得如果吃東西的話，他的思考就不會那麼精確。」另一個可能性是，對佩雷爾曼來說，學校的餐點變化太多；學校餐廳在一週的每一天都提供不同的菜單。在數學俱樂部的小組裡，每個男孩都有明顯的食物偏好，所以下午從學校走到列寧格勒少年宮時，每個孩子都會很快到一些特定地點買食物充飢。不用說，佩雷爾曼的系統最為簡單快速：在快走到學校和俱樂部的中途時，他會到拉特尼大街（Liteyniy Prospect）的麵包店買一條列寧格勒麵包[65]，也就是一大塊內含葡萄乾、上面灑了碎花生的全麥麵包。佩雷爾曼不吃花生，所以戈洛瓦諾夫會把它們刮下來吃掉。有時愛吃過頭的戈洛瓦諾夫會動手想挖葡萄乾，這時佩雷爾曼會用力把他的手打掉。

每到週一，佩雷爾曼會在放學後留在學校，到里錫克的西洋棋俱樂部下棋。他們下快棋，一般認為這種棋需要比較多直覺，而不是計算，但佩雷爾曼下得很好，甚至贏過里錫克兩次——或許是因為棋手所謂的直覺其實是一次掌握複雜系統的能力[66]，而這正是佩雷爾曼的長處。但在他們所有下午相處的時光，圓滑機敏且充滿讚嘆的里錫克一直沒有嘗試進入佩雷爾曼的私人領域，他們談的話題僅限於學校、西洋棋和數學。佩雷爾曼也不是他經常在課堂上點起來對話的學生；相反地，他稱他為「後備司令」，只有在特別困難的問題上才會叫他。

對於一般的學生，里錫克試著當全面俱到的領導人。在當時，星期天是蘇聯學童唯一的休假日，但里錫克會帶全班到郊外健行或訓練競賽。夏天時，他會帶一群群學生到高加索山脈或西伯利亞森林，在難走的地域做長達數週的旅行。佩雷爾曼從來不參加。里錫克認為這是因為佩雷爾曼喜歡家庭生活，但佩雷爾曼仍會參加魯克辛為俱樂部的孩子所舉辦、一定得參加的數學學校文化健行；佩雷爾曼在校外的自我顯然屬於魯克辛。魯克辛和里錫克都採取柯莫哥洛夫的做法：他們帶學生去做漫長辛苦的健行，目的都在於將他們錘鍊成自己理想中的人，只不過魯克辛比較著重文學、音樂和全面的學識〔67〕，而里錫克則偏重騎士精神、誠實、責任和其他普世的價值觀〔68〕。先前里錫克採取這種做法已超過二十年，但在面對一九八二年的俱樂部班時，他覺得自己失敗了。

「那個班分成兩群。」里錫克回憶說：「一群是學習者，另一群有不同的價值觀。我一直沒辦法使這兩群學生融合。」數學俱樂部的男孩成為學習者群的核心。這些學生在239號學校的第二年，也就是最後一年，有一次他們在週日去健行時，數學俱樂部的一名學生讓一名不是俱樂部成員的同學參與一個化學實驗。他把一個物質遞給他，卻沒有警告他那個物質在遇熱後很容易爆炸。當那名男孩走近營火時，那個物質立即在他手裡爆炸，把他的手腕炸斷。「感謝上帝，幸好那男孩活了下來。」里錫克說：「然後我記得我跟那些孩子說了一些話。到現在我還清楚記得我的談話內容。我說：『假設我們去旅行，然後找了一個地方紮營過夜。假設那裡有一個湖，我不喜歡那個湖的情況，並且判斷接近它會不安全，於是我告訴你們，除非有我監督，否則在任何情況下你們都不能去湖那裡。現在想想看，儘管如此，你們當中仍然有個人決定晚上去湖裡游泳。誰會叫醒我，告訴我發生了什麼事？』沒有人！然後我說：『你們知道這樣會發生什麼事嗎？一個小孩可能會死！你們可能不了解，但我了解。然而，就是因為你們那愚蠢的兒童共同價值系統，你們會保持沉默。這意味著你們沒有從這次爆炸事件學到任何教訓。你們還是不懂。』」

魯克辛想把俱樂部與學校班級融合起來的實驗，破壞了239號學校和其他數學學校內已經存在的微妙平衡，在成人的蘇聯世界也一樣，數學反傳統文化得以默默存在，前提是他們的想法不會傳播到大街小巷。在里錫克的班上，天才與其他學生之間不得有衝突的規則不再適用：天才群太大，全是男孩，像青少年般太過不成熟。那是戰爭，而里錫克說他沒有說服那些學生相信他們做錯事情時，他並沒有說錯。二十五年後，那名把炸彈偷偷交給同學的學生，偶而在部落格裡提到那次意外事件時，顯然沒有絲毫懊悔。〔69〕至今，對當時所發生的事仍沒有單一的解釋。魯克辛的男孩們或許覺得，他們的同學代表的是在其他學校羞辱他們的制度；或許他們已經長大到足以知道，任何不屬於他們這個小圈子的人都是敵人。無論如何，就像在戰爭中一樣，交戰雙方都不把對方當作人看。那次談話之後，里錫克中止了健行活動。隔年，他把教課時間減少到每週一天，以便專心寫完一本他已經在學生身上試用過的幾何學教科書。再隔一年，他嘗試回239號學校當全職教師時遭到拒絕，原因顯然是校長承受了更大的壓力，必須減少猶太裔教師的人數。〔70〕

我見到里錫克的時候，他已經七十歲，再度在一所新開辦的精英物理數學學校任教，仍然在下午下西洋棋；他欣然回顧了自己的人生，他這一輩子大多在跟蘇聯體制妥協的陰影下度過。由於他是猶太人，所以被拒於列寧格勒大學之外。「他們甚至找不到我不能解的問題：我在考試結束後坐了三個小時，我解答了所有問題，但他們仍然不收我。當時我只是個孩子，回家後就哭了。」他從次好的赫爾岑學院畢業，後來不得成為教職員，因為那裡已經有太多猶太人。他一直沒能為自己的博士論文答辯，那篇論文是根據他跟他人合力撰寫的那本幾何學教科書所寫成的，遭批評為違反蘇聯教學法的每一條規定。[71]在我跟他相談的時間裡，他唯一表達過的遺憾，是未能使那個非常奇怪的實驗班級融合在一起，也就是當時佩雷爾曼就讀的那一班。

這位老師戲劇般的經歷，以及當時239號學校發生在佩雷爾曼周遭的事，顯然都沒有對佩雷爾曼造成影響。他從不參加週二的文學課，課堂內容包括詩，還有一般不在學校必讀書單上的內容。當239號學校校長朗狄歐諾夫（Viktor Radionov）因戀童癖的罪名遭解雇時[72]，佩雷爾曼可能也沒關心過。他肯定也沒注意過無數的意識形態視察，這些視察要求老師和適應較好的學生表現出蘇聯學校要求的最佳行為，佩雷爾曼反正自然就會有最佳行為。在他們的歷史老師奧斯特羅夫斯基（Pyotr Ostrovsky）所主辦、原本應該是匿名的問答委員會上，他幾乎從來沒有提出過任何問題。奧斯特羅夫斯基給學生的印象是，他願意接受甚至有危險性的政治問題[73]，不過後來被爆出他是國家安全委員會的密告者[74]，專門探查那些提出棘手問題的學生，對他們及其父母加以譴責。

在有些人的生涯岌岌可危，整個人生遭到破壞，而有些學生在數學學校自由的學風裡成功發展，有些學生焦慮地追趕時，佩雷爾曼依舊研究數學。一名同學記得曾經看到，佩雷爾曼和戈洛瓦諾夫在地下車站與學校之間的路上停下，瘋狂地在人行道上寫公式，那裡剛好是美國領事館前面。十之八九，佩雷爾曼沒有注意到領事館，或他們學校旁那棟教堂建築裡的熱門電影院，或是學校宏偉的半圓形大理石階梯，還有刻著國家奧林匹亞競賽得獎者姓名的白色大理石板；最終佩雷爾曼的名字也會以金色刻在上面。對他的同學來說，佩雷爾曼似乎是類似數學天使的人物：他只有在需要他提供解答時才會發言，而且總是期待星期天的到來，他會高興地嘆息說，他「終於能平靜地解一些問題」；如果有人要求的話，他會耐心地解釋任何數學問題給任何同學聽[75]，儘管他顯然無法想像為什麼有人無法了解那麼簡單的問題。他的同學也以仁慈回報他：他們只記得他的謙恭有禮和他的數學，沒有一個人曾經對我提到他沒綁鞋帶四處走動（反正在學校裡，這也不是特別罕見的事），或在學校最後一年，他的指甲長到彎曲的事[76]。

239號學校其他畢業生感謝這所學校打開他們的心靈，教導他們智識、博學和謙恭有禮會獲得獎勵，也感謝它為他們日後的高等教育奠定有利的起跑點。如果佩雷爾曼要為這類難以捉摸的事感謝任何人的話，他該感謝239號學校沒有打擾他，聽其自然發展。有些人懷疑魯克辛結合俱樂部與學校的設計，最終只對兩個人奏效：魯克辛和佩雷爾曼。它對其他學生有害，對里錫克是悲劇，但它讓佩雷爾曼和魯克辛的共生關係得以持續，沒有遭到任何挑戰，而佩雷爾曼的世界觀也能不受干擾——但也沒有擴展。數學學校的環境就像一個保護罩，不僅保護了校內的人，也孤立了他們。它確保佩雷爾曼必須絕對符合邏輯的人生觀不會受到挑戰，讓他能全心全意地專注在數學上，事實上幾乎所有其他事物都被排除在外。這個保護罩讓他不必面對他是生活在人群中的現實，每一個人都有自己的構想和思想，更不用說還有情感和欲望。許多天賦好的兒童在長大後馬上明白，世界上的構想與人會競相爭取他們的注意和精力。許多人得在魚與熊掌之間做出困難的抉擇。239號學校不僅讓佩雷爾曼不用做這種選擇，也讓他不必注意人與數學之間存在的緊張關係。

註釋

1 Steven Pinker, *The Stuff of Thought: Language as a Window into Human Nature* (New York: Viking, 2007), 177.

2 同前，179-80。

3 同前，180。

4 Richard Courant and Herbert Robbins, *What Is Mathematics? An Elementary Approach to Ideas and Methods,* 2nd ed., revised by Ian Stewart (New York: Oxford University Press, 1996), 235.

5 V. M. Tihomirov, "Geniy, zhivushchiy sredi nas," in Alexander Abramov, ed., *Yavleniye chrezvychaynoye: Kniga o Kolmogorove* (Moscow: FAZIS, 1999), 73. 提霍米洛夫（V. M. Tihomirov）提到維諾格拉多夫（Ivan Vinogradov）、盧津和亞歷山德羅夫也避免被徵召從事最高機密的工作，但解釋說當時他們的研究沒有明顯的軍事用途；柯莫哥洛夫不同。

6 Andrei Kolmogorov, "Vospominaniya o P. S. Alexandrove," in A. N. Kolmogorov, *Matematika v yeyo istoricheskom razvitii* (Moscow: LKI, 2007), 141.

7 這項捐款是為遭圍困的列寧格勒居民輸送食物，相關描述參見 *Etikh strok begushchikh tesma*, ed. A. N. Shiryaev (Moscow: Fizmatlit, 2003), 332。關於一起聘任和住宿的議題可見於 *Etikh strok*，頁80是其中之一。

8 "Posledneye interview," in *Yavleniye*, 205.

9 R. F. Matveev, "Vspominaya Kolmogorova...," in Albert Shiryaev, ed., *Kolmogorov v vospominaniyakh uchenikov* (Moscow: MTsNMO, 2006), 170.

10 M. Arato, "A. N. Kolmogorov v Vengrii," in *Kolmogorov v vospominaniyakh,* 31.

11 阿布拉莫夫（Alexander Abramov），作者訪談，莫斯科，二〇〇七年十二月五日。

12 這兩位數學家是阿布拉莫夫和提霍米洛夫。

13 "Avtobiografiya Andreya Nikolayevicha Kolmogorov," in *Matematika*, 21.

14 http://www.dalton.org/philosophy/plan/, accessed January 23, 2008.

15 "Posledneye interview," 186.
16 Vladimir Arnold, "Ob A. N. Kolmogorove," in *Kolmogorov v vospominaniyakh*, 40.
17 Kolmogorov, "Vospominaniya," 143.
18 Harry Oosterhuis, *Homosexuality and Male Bonding in Pre-Nazi Germany: The Youth Movement, the Gay Movement, and Male Bonding Before Hitler's Rise* (New York: Haworth Press, 1991).
19 *Etikh strok*, 63.
20 同前，430。
21 A. V. Bulinsky, "Shtrihi k portretu A. N. Kolmogorova," in *Kolmogorov v vospominaniyakh*, 114-15.
22 Albert Shiryaev, ed., *Zvukov serdtsa tihoe eho: Iz dnevnikov* (Moscow: Fizmatlit, 2003), 110-11.
23 B. V. Gnedenko, "Uchitel i drug," in *Kolmogorov v vospominaniyakh*, 131. 柯莫哥洛夫並沒有創建這項競賽；其實前一年已在列寧格勒舉行第一屆競賽。然而，他協助使這項競賽發展為全國性競賽。參見 N. B. Vasilyev, "A. N. Kolmogorov i matematicheskiye olimpiady," in *Yavleniye*, 168。
24 "Istoriya olimpiady," http://phys.rusolymp.ru/default.asp?trID=118, accessed January 24, 2008.
25 訪談阿布拉莫夫。
26 Alexander Abramov, "O pedagogicheskom nasledii A. N. Kolmogorova," in *Yavleniye*, 105.
27 A. A. Egorov, "A. N. Kolmogorov i kolmogorovskiy internat," in *Yavleniye*, 163.
28 Abramov, 107.
29 Egorov, 164.
30 普洛何洛夫（Alexander Prohorov），作者訪談，莫斯科，二〇〇七年十二月八日。
31 Abramov, 111.
32 Egorov, 165.
33 Gnedenko, 149.

34 L. A. Levin, "Kolmogorov glazami shkolnika i studenta," *Kolmogorov v vospominaniyakh*, 167.

35 A. S. Monin, "Dorogi v Komarovku," in ibid., 182.

36 Alexander Abramov, "*O polozhenii s matematicheskim obrazovaniyem v sredney shkole" (1978-2003)* (Moscow: FAZIS, 2003), 13.

37 同前，40。

38 R. S. Cherkasov, "O nauchno-metodicheskom vklade A. N. Kolmogorova," in *Yavleniye*, 156.

39 David Klein, "A Brief History of American K-12 Mathematics Education in the 20th Century," from James Royer, ed., *Mathematical Cognition*.預印本參見http://www.csun.edu/~vcmthoom/AHistory.html, accessed January 25, 2008; Patrick Suppes and Shirley Hill, "Set Theory in the Primary Grades," *New York State Mathematics Teachers' Journal* 13 (1963): 46-53。

40 Klein 的引用語。

41 Abramov, 54；訪談阿布拉莫夫。

42 訪談普洛何洛夫。

43 Abramov, 48.

44 Egorov, 166.

45 Leonid Ashkinazi, "Shkola kak fenomen kultury," *Himiya i zhizn* 1 (1991): 16.

46 伊凡諾夫（Mikhail Ivanov），數學物理學院（Physics in Mathematics Lyceum）校長暨239號學校前教師，作者訪談，聖彼得堡，二〇〇七年十月二十三日。

47 葉菲莫娃，239號學校校長，作者訪談，聖彼得堡，二〇〇七年十月十七日。

48 海茵（Tatyana Hein），教育行動主義者暨列寧格勒317號學校畢業生，貝蓮奇娜（Katerina Belenkina）訪談，莫斯科，二〇〇七年四月。

49 Aleksandr Krauz, "Zapiski o vtoroy shkole," http://ilib.mirror1.mccme.ru/2/07-krauz.htm, accessed September 16, 2008.

50 Ashkinazi.

51 列維特（Boris Levit），貝蓮奇娜訪談，二〇〇七年四月。

52 茨爾科夫（Arkady Tsurkov），以色列數學家暨前蘇聯異議分子，貝蓮奇娜訪談，二〇〇七年四月。

53 Ivanov.

54 Mikhail Berg, “Tridtsat let spustya,” http://litpromzona.narod.ru/berg/30let.html, accessed September 16, 2008.

55 奇斯妥洛夫（Viktor Kistlerov），莫斯科電腦科學家，貝蓮奇娜訪談，二〇〇七年四月。

56 訪談葉菲莫娃。

57 Arnold in *Kolmogorov v vospominaniyakh*, 37；訪談阿布拉莫夫。

58 Arnold in *Kolmogorov v vospominaniyakh*, 45.

59 訪談普洛何洛夫。

60 “Posledneye interview,” in *Yavleniye*, 191.

61 蘇達科夫，作者電話訪談，耶路撒冷，二〇〇七年十二月三十一日。

62 訪談葉菲莫娃、魯克辛、伊凡諾夫。

63 里錫克，作者訪談，聖彼得堡，二〇〇八年二月二十八日；傳記資料出自專載239號學校教師和畢業生回憶錄的網站，http://club.sch239.spb.ru:8001/club/htdocs/teach_page/ryzhik/, accessed March 23, 2008。

64 Natalya Alexandrovna Konstantinova, recollections, http://club.sch239.spb.ru:8001/club/htdocs/teach_page/ryzhik/words.shtml, accessed March 23, 2008.

65 訪談戈洛瓦諾夫。

66 Jonah Lehrer, *How We Decide* (Boston: Houghton Mifflin Harcourt, 2009), 44.

67 魯克辛，作者訪談，聖彼得堡，二〇〇七年十月十七日和十月二十三日及二〇〇八年二月十三日。

68 訪談魯克辛；薇瑞夏基娜（Yelena Vereshchagina），佩雷爾曼昔日同學，作者訪談，聖彼得堡，二〇〇八年二月十三日。

69 例如參見 http://scholar-vit.livejournal.com/159422.html?thread=5221566#t5221566, accessed February 7, 2009。

70 訪談里錫克、葉菲莫娃、薇瑞夏基娜。

71 訪談戈洛瓦諾夫。

72 訪談葉菲莫娃、戈洛瓦諾夫、魯克辛。

73 訪談薇瑞夏基娜。

74 一九七〇年畢業生科洛托夫（Alexander Kolotov）的回憶錄，http://club.sch239.spb.ru:800l/club/HTDOCS/teach_page/os-trovsk /alternative.shtml, accessed March 23, 2008。

75 訪談薇瑞夏基娜。

76 訪談魯克辛。

第四章

滿分

在數學學校的最後一年，里錫克有時會跟學生家長做一些困難委婉的談話。他會請他們思考孩子進入大學的機會。里錫克自己曾因身為猶太人被大學拒絕而哭泣，所以他向來會努力對沒有仔細思考這件事的家長提出警告。他很清楚在申請入學的過程中有一些微妙之處，列寧格勒大學數學力學系每年只有招收兩名猶太學生的名額，他們會嚴格執行這項規定，卻不會過分熱中：列寧格勒大學有「數力系」（Mathmech）之稱的數學力學系，不像莫斯科大學會為了找出隱藏的猶太親屬而挖掘申請人的家庭史，但它會拒絕姓氏聽起來像猶太姓氏的非猶太申請人。〔1〕

「我有個學生的姓氏是菲利波維奇（Filipovich）。」里錫克回憶說：「這不是猶太名字，但聽起來可能像猶太名，為了以防萬一，他們就沒有錄取她。奧佳．菲利波維奇（Olga Filipovich）成為這個體制下的犧牲者。」一如有必要的話，他會警告學生家長，然後指引他們去申請入學政策比較自由的學校。里錫克有兩條規則：他不會直接跟學生談這件事，希望他們從父母那邊得知事實，而且他只有在判斷絕對必要時才會跟父母談這件事。他說他厭惡多管閒事，當然他肯定也不願意為這個荒謬殘酷的歧視體制當不情願的中間人。但是在必要時，他會請學生家長參與他所謂的「標準談話：在辨識這樣的學生時必須謹慎，對於你即將做的事也必須有備用計畫，以防第一個計畫失敗。還有你要如何跟這孩子解釋？我自己以前就經歷過這一切」。

有這類問題的學生，年紀並不是很小（蘇聯中等學校的學生一般在十七歲畢業），但對許多青少年而言，這當中的利害關係大到他們無法理解，也無法處理。蘇聯的大學入學制度主要是根據四、五次考試的成績，這些考試一般包括口試和筆試，申請人必須親自到大學考試才行。因此，一名高中畢業生在一個夏天，最多只能申請兩所大學。男學生如果沒有獲得入學許可，就會被軍隊徵召。佩雷爾曼畢業時，蘇聯已經跟阿富汗打仗三年，隨時都有大約八萬名新兵在戰場上〔2〕，而被徵召入伍是所有父母最害怕的事。

對於數學天賦特別優異的猶太少年，在選擇大學方面只有三個策略：選擇列寧格勒大學以外、入學政策歧視性較少的學校；爭取一年中只有兩名猶太學生的名額；或成為國際數學奧林匹亞競賽的蘇聯代表隊成員，每年名額四到八人，這些學生可以進入他們選擇的學校，不需要通過任何入學考試。在魯克辛心目中，蘇達科夫的天分不比佩雷爾曼差，但他在數學競賽中的表現起落無常，他選擇了第一個策略。在數學俱樂部名列第二的列文選擇第二個策略。佩雷爾曼唸到中學最後一年時，已經拿到全蘇聯數學奧林匹亞競賽的一面銀牌和一面金牌，對他和他周圍的人來說，他應該會參加國際競賽，得獎榮歸，然後進入數力系就讀。這令里錫克大為欣慰，因為他特別厭惡干涉一名他極度尊敬的學生未來的人生，特別是要向佩雷爾曼或他母親證明反猶太入學政策的本質，基本上是不可能的任務。露波芙．佩雷爾曼有個格外特殊的天賦，就是否認明顯之事，而這個特質似乎在她兒子身上也有。

在異議會遭到懲罰的極權主義社會，親子關係的基本問題（該告訴子女的內容、時間和多寡）帶著恐懼的色彩。如果小孩在錯誤的時間說錯話，因而使家庭陷入危險要怎麼辦？我自己的父母是積極的消費者，有時會辦地下刊物，他們選擇讓我自由接觸資訊，偶而婉言告誡我守緊口風。有好幾次我不小心說得太多，幸好沒有引起注意；儘管我向來感謝父母把我當作成人看待，他們為此承擔風險卻可能是不智的做法。大多數父母嚴守的政策，都是不讓子女知道任何在學校重述有可能導致危險的事。露波芙採取的策略甚至更激進：她教導兒子這個世界是按著原本應有的方式運行。「他從來不相信蘇聯有所謂反猶太主義的做法。」魯克辛告訴我好幾次，高興又驚奇地重複這個觀察心得。他也以同樣的心情告訴我，佩雷爾曼從來沒有對女孩產生過興趣，彷彿否認反猶太主義也是佩雷爾曼極度純潔的證據。

當我問剛好同為猶太人的戈洛瓦諾夫，這項觀察是否屬實的時候，他罕見地不知如何回答。他從來沒有跟佩雷爾曼討論這個主題，但任何心智正常的人怎麼可能相信蘇聯沒有反猶太主義？「他並不笨。」戈洛瓦諾夫向我保證。

像蘇聯顯而易見有反猶太主義的事，怎麼會有人不相信？這令人忍不住要問兩個問題：什麼是信念？什麼是證據？蘇聯的反猶太主義無法量化，也不是絕對的：例如獲准進入數力系的猶太人人數年年不同。歧視政策的實施也從來沒有公開到會明白說出的地步：當一名猶太人求職或申請進入大學遭拒時，通常會有一個跟這人是猶太人無關的理由。佩雷爾曼十三歲時，所有在列寧格勒市數學奧林匹亞競賽中得獎且跟他同年級的男孩，全都是魯克辛的學生，也都是猶太人[3]；得獎人和表揚獎得主的姓氏包括奧特曼（Alterman）、列文（Levin）、佩雷爾曼（Perelman）和查門克曼（Tsemekhman）。這比是四名猶太男孩還糟；因為這是四個姓氏明顯是猶太人的男孩。魯克辛記得，那年主持市內競賽的大學教授，本身也是猶太人，他看著名單嘆息說：「我們像這樣的優勝者應該少一點才好。」

從八年級開始，在市級奧林匹亞競賽中得到第一名和第二名的人可以晉級到另一回合的競賽[4]，以選出代表城市參加國家級競賽的選手。不出所料，那年的優勝者都是出自魯克辛的數學俱樂部：瓦西里耶夫（Alexander Vasilyev）和舒賓（Nikolai Shubin）拿到第一名[5]；佩雷爾曼和另外兩名同樣來自魯克辛那家數學俱樂部的男孩和一名女孩，拿到第二名。根據規定，這六名青少年都可以參加選拔賽，但他們全是猶太人。然而，拿到第一名的兩名學生，姓名不像「佩雷爾曼」明顯是猶太姓氏：「瓦西里耶夫」是斯拉夫民族的姓氏，而「舒賓」雖然是猶太姓氏，聽在不喜猶太人的耳中，卻不像「佩雷爾曼」那麼令人不快。因此，主辦單位明顯在為了避免遭到懲戒下，直接提出廢除選拔賽，送瓦西里耶夫或舒賓參加全國競賽。魯克辛極力爭取舉行選拔賽並讓佩雷爾曼參加。這時他擔任教練的抱負和為愛徒憤慨的情緒結合，最後他成功了——只差一點：主辦單位同意舉行選拔賽，但只讓第一名的瓦西里耶夫和舒賓參加。「我哀求，咒罵，怒吼，還威脅。」魯克辛回憶說。最後佩雷爾曼還是未能獲准參加競賽，但主辦單位說如果他想要的話，可以參加選拔賽，不過只是去練習解題而已。

然而，佩雷爾曼卻不想參加選拔賽。「他一直說：『但我解的題沒有瓦西里耶夫和舒賓多。』」魯克辛說：「我的意思是，如果蘇聯政體願意栽培一個相信只要有成績就能獲得獎勵的猶太男孩，就一定是這孩子。」最後，魯克辛硬是強迫佩雷爾曼去參加，他把七個題目全部解出，而次好的成績是解出三個，這結果把佩雷爾曼送進了全國競賽。魯克辛對抗反猶太主義的策略再次獲勝，即使佩雷爾曼證明了反猶太主義的存在是無法證明的。既然如此，他為什麼要相信它呢？這就像相信一個物件是球形，因為它看起來圓圓的，最後卻發現其實它有個隱藏的小洞。

我父親在參加完第一輪的大學入學考試後哭了，就跟里錫克一樣。我母親在看到考官桌上的一張紙上，她的名字旁用黑墨水註明「Jewess」（猶太女人）這個字後，離開了考場。他們倆都曾受到有關反猶太入學政策的警告，並決定相信自己的能力足以突破這項限制。就我記憶所及，他們在談到我的大學入學考試時，語帶恐懼。現在我明白令他們打寒顫的恐懼，是要怎麼跟孩子解釋這世界有時非常不公，甚至到會使所有希望都幻滅的程度。我知道這種恐懼也是我父母決定移民的主要原因。

露波芙當時的反應彷彿現實與規定是一致的，而在當時，現實結果也的確符合她的想法，不過這卻是一小群支持佩雷爾曼的人大力幫忙的結果。

一九八一年秋天，蘇聯國際數學奧林匹亞競賽代表隊的年輕教練阿布拉莫夫（Alexander Abramov）

到列寧格勒問魯克辛，他的學生中哪些人可能參加競賽隊伍。當時魯克辛已經建立起卓越教練的名聲，所以肯定會有學生可出賽。他提名兩人：佩雷爾曼和列文。〔6〕那年他們倆都正要從高中畢業，所以是有參賽資格的最後一年。

數學俱樂部的成員相信佩雷爾曼無疑是無法企及的第一名，而列文則是遙遙居上、穩定且同樣難以企及的第二名。市級競賽的結果證實了這個想法，而且在一般青少年、特別是魯克辛的俱樂部成員，那種僅關注與自己相關之事的性情下，這些學生相信佩雷爾曼和列文是整個國家最優秀的兩名數學競賽選手。根據魯克辛的看法，列文的潛力與佩雷爾曼相當，甚至更優秀。但在這次競賽中，列文有太多不利之處。「他父母不了解成為數學家的意義。」戈洛瓦諾夫解釋說：「葛利沙的母親非常了解。列文的父母認為如果一個人要當工程師的話，研究數學可能會有用。」換句話說，他們沒能看出魯克辛努力啟發學生專心一意投入數學的價值，所以他們堅持列文必須並重學校與數學俱樂部的課業。「他在學校是優等生，結果反而不是每次都會去俱樂部，那是他愚蠢的意外，就像沒關的城門一樣，所以列文是因為認真而失敗的。」戈洛瓦諾夫說。他所說的城門，指的是傳說中在十五世紀導致君士坦丁堡遭攻破的要塞大門。「在全蘇聯的競賽中，除了一個曾經在俱樂部解決過的問題之外，他解出了所有其他問題。」那可以說是一個很奇特的意外：全蘇聯數學競賽中使用的題目，曾經在其他地方出現過的情況非常、非常罕見，而且跟所有規則和邏輯相悖。但是由於每一道數學題都有作者，而且包含一個構想，沒有人能保證這個構想絕對是獨一無二的。在一九八二年四月的特殊實例裡，全蘇聯數學奧林匹亞競賽的選手要做的題目之一，魯克辛那家數學俱樂部的成員人人都曾簡潔地寫出過解答——至少那些有去的人都曾寫下過。列文剛好在那一天沒去數學俱樂部。[7]結果他沒有在競賽中解出那一題，因而沒有獲選參加蘇聯國際數學奧林匹亞競賽代表隊。儘管這不是列文、魯克辛、甚至佩雷爾曼刻意造成的結果，卻是適當的結果；那年只有魯克辛最喜愛、最聰明的一名學生參加數學奧林匹亞競賽代表隊。魯克辛為此準備了六年，終於把佩雷爾曼錘鍊成理想的競賽選手。

列寧格勒市級數學競賽看起來很像聖彼得堡數學俱樂部的課：選手坐在教室裡解題，有人認為自己解答了一道題時，就舉手示意；這時會有兩名裁判陪這名選手離開教室，聽他的解答並當場判斷解答的品質；然後這名選手回去教室修正解答或解另一道題。[8]魯克辛回憶說，佩雷爾曼在選拔賽上解釋他對一道題的解答時，他剛講完其中一個可能的結果，那兩名聽他解釋的裁判就已轉身要離開，說他的解答是正確的。「慢著！」他大喊，拉住其中一人的西裝外套下襬說：「還有三種可能的結果。」[9]

這件事展現出佩雷爾曼的兩個主要特質，其一是如魯克辛的形容：「即使在節省時間比較重要的時刻，他仍誠實到狂亂的地步。」「狂亂」（delirious）是個很棒的字眼，讓人的腦海裡馬上浮現一個情景：一個人基於本能的需求，無法說不真實的假話，也無法說不完整的實話。萬一佩雷爾曼是錯的怎麼辦？萬一他已經解釋的部分是正確的，也已代表完整的解答，而其他答案是多餘的，怎麼辦？根據數學奧林匹亞競賽的用語，一個在其作者眼中是正確的、但其實是錯誤的解答（或部分解答），稱為*lipa*；這個字在俄羅斯俚語中的意思是fake（**假的**），直譯係指linden（椴樹），但可能最好譯為lemon（**缺陷**）〔譯注：lemon在俚語中有「無價值」或「缺陷」之意〕。每個跟我談到佩雷爾曼的人都會特別提到他的這個特質：他沒有缺陷，一點也沒有，從來沒有。他的心智就是這麼精確：他不僅無法說謊，甚至無法犯誠實的錯誤。

數學家會犯錯，這是他們所做之事的本質之一。不像人文科學的學者，數學家無法容忍有真理不止一個的可能性。他們也不像自然科學家，無法根據實驗真理來驗證自己的假說。因此他們只能運用自身（及其同事）的心智資源，把自己想像的建構物放到想像法則的集合面前，看它們是否仍然成立。這使得同儕評審過程對數學來說，比對任何其他學科都重要得多，這也是克雷數學研究所的千禧年百萬美元大獎在每個獎項頒發前都必須有兩年等候期的原因。即使如此，數學家仍會犯錯，有時要多年才會為人發現。偶而他們會自己抓到錯誤——例如龐加萊就曾發現自己其實並沒有證明龐加萊猜想。有時這些錯誤是審閱人發現的，如同懷爾斯第一次發表費馬最後定理的證明時，就是由審閱人發現錯誤。他的解答內有一個嚴重缺陷[10]，後來懷爾斯自己修正了錯誤，但那已是兩年後的事。年輕數學家比較不善於讓自己的解答接受周密的審視，比經驗豐富的數學家更常犯錯。無怪乎佩雷爾曼無法想像自己犯錯；而令人驚訝的是，實際上他沒有犯過錯。

所以當那一年佩雷爾曼終於能參加他的第一場國家競賽，卻只拿到第二名時，肯定覺得心煩意亂。他的教練魯克辛和阿布拉莫夫都聲稱，就是在沙拉托夫（Saratov）那年的全蘇聯數學奧林匹亞競賽後，佩雷爾曼開始變得卑鄙（mean）。他開始要確保自己不再輸給任何人。「現在他嘗到剛被殺死的競爭者所流的血味。」魯克辛這麼形容：「而且他的抱負遠遠超過他的成就。」魯克辛華麗的詞藻似乎掩蓋了他對佩雷爾曼的了解。一九八二年在沙拉托夫讓佩雷爾曼困擾的事，後來也令他對世界感到困擾：事物並不是按照邏輯來運行。如果佩雷爾曼優秀到從來不會有缺陷，如果他的心智強大到永遠不會有解不開的問題，那麼他為什麼沒有得到第一名？唯一可能的答案在於不可原諒的失敗：佩雷爾曼的練習不夠。從那時起，他就不停地練習。當其他學生的生活中有學校也有休閒時，佩雷爾曼的生活只有持續不斷地解題〔11〕，就這樣。

一九八二年的國際數學奧林匹亞競賽代表隊預定只有四名選手，這意味著要選六名，兩名備取。一九八二年一月，阿布拉莫夫把十二名候選選手聚集到莫斯科北方大約五十英里處的科學城市契諾哥洛夫卡（Chernogolovka）。當時全國化學與物理教練也在相同的時間，要求候選選手到同一個地點，所以那裡大約有四十名全國最聰明的高中高年級生，四人同住一間學校宿舍，而宿舍跟學校位於同一棟建築。他們的年紀在十五到十七歲之間（十七歲是從高中畢業的標準年齡）。但是在這些選手當中，有些比較早熟，佩雷爾曼就是其中之一；當時他只有十五歲半，卻還不是年紀最小的。這些學生還不算成人，而且儘管有幾個以前曾離家住在專業學校，後來他們回想那次經歷時，仍記得在契諾哥洛夫卡獨自生活的怪異感受。一名學生記得有一天早上醒來，看到窗台上水瓶裡的水已經結冰，因為有一片窗玻璃已經破掉；雖然宿舍裡有足夠的暖氣，他仍對眼前的景象感到震驚和沮喪。〔12〕還有一名學生想起他在搭巴士抵達契諾哥洛夫卡時，已經是黑夜（在一月只要過了下午四點，天色就會變黑），他找不到學校，拖著裝衣服和書的行李箱，還有一袋食物，在空曠昏暗的街道上亂走，行李重到連他戴著手套的手都受了傷。〔13〕佩雷爾曼當然沒有留下這類受創的記憶，因為他是由母親陪同前往。其他受訓的選手覺得這很奇怪，對青少年來說還有一點丟臉，即使他是數學神童也一樣，但佩雷爾曼顯然絲毫沒有注意到。

同樣地，他也沒有注意到選手必須接受的嚴厲體能訓練。這些男孩完全遵照柯莫哥洛夫的理想來訓練，除了必須接受所選的科學訓練以外，還必須接受體育訓練（這是蘇聯數學競賽訓練制度跟西方國家極為不同的地方，儘管西方國家也會聚集有潛力的選手進行訓練）。「他們把所有的數學家、物理學家和化學家聚在一起，超過三十人同在一個體育館。」最後成功獲選出賽的史畢瓦克（Alexander Spivak）回憶說。史畢瓦克是在莫斯科唸柯莫哥洛夫寄宿學校的學生之一，那裡很強調運動在課程中的重要性，但就他記憶所及，他在學校時也從沒接受過那麼繁重的體能訓練。「為了讓我們全都有事做，他們先要我們繞著體育館周邊跑，跑了再跑。體育館裡還有長板凳，用法全憑體育教練的想像力而定。你有可能得拿它們來做伏地挺身，把它們舉高到頭頂，或是跳過它們再跳回來。等你做完這一切，你眼前就只看得到板凳。整段時間就是板凳、板凳、板凳、板凳。」

史畢瓦克憶起有一個男孩昏倒，而其他人一度都停止運動，坐在板凳上，整整一排。他記得佩雷爾曼簡直是「英雄」，意思是他不像其他男孩，他沒有抗議，沒有靜坐罷工，也沒有顯露出對這整個做法的不滿。他應該不是很享受這種訓練或認為它很容易：佩雷爾曼在學校體育課上的表現很糟，儘管大家都盡了最大的努力，他一直無法達到蘇聯勞工暨國防預備課程（Preparedness for Labor and Defense of the USSR）的要求[14]，根據規定，高年級生必須要能跑步、游泳、做引體向上，還要能射擊小口徑來福槍。他也從沒拿到C以上的體育成績，那是他的畢業成績單上唯一不完美的成績。[15]但規則就是規則，如果他們告訴佩雷爾曼，在長板凳上跳來跳去是參加國際數學競賽的訓練之一，他就會跳。

佩雷爾曼在體育館裡的表現，或許是有些受訓選手記得他擅長運動的原因之一。「他並不是正規的運動員，像是受過網球之類的訓練。」後來獲選為後補選手的桑伯斯基（Sergei Samborsky）回憶說：「但我們一般會忽略體育課，身材難看，他卻很健康，身體情況良好。如果你問我會把哪種運動跟他相連，我會說拳擊。」由於已經時隔二十五年，桑伯斯基對當年佩雷爾曼體能情況的記憶，可能因為佩雷爾曼的競爭力和信心給他的印象太深刻而受到影響。其實當時佩雷爾曼臉色蒼白，身材微胖，身高比隊友矮得多，完全不像拳擊手。但他是數學鬥士，而且絕不會再被擊敗。

他自大驕傲。「有一次一位教練責罵他說：『你知道嗎，葛利沙，其他人都知道導數（derivative），就你不知道。』」桑伯斯基回憶說：「那是數學分析的一部分，嚴格說來，他是中學生，不需要知道。但他回應說：『那又怎樣，我不用它還是可以解題。』這話聽起來臉皮很厚，但本質上，他是對的。」然後桑伯斯基補充了一句話，顯示他對佩雷爾曼的記憶可能比他自己了解的更精準：「我懷疑他懂的，比他顯露出來的多得多。」事實上，他可能知道導數。但他沒有說出這個訊息，因為他是到那裡解題，而不是去向教練證明任何事情。

無論如何，大家都明白了。在教練阿布拉莫夫的記憶裡，所有學生當中，只有佩雷爾曼從沒遇過解不出的數學競賽題。桑伯斯基簡潔地說：「他比我們擅長解題，事實上甚至可以說他的解題能力比我們其他所有人加起來還要好。」

在冬季訓練營結束時，除了佩雷爾曼之外，教練在其他學生當中暫時選了五名選手。這些選手按他們在訓練營期間所解的題數來排名。第六名是十五歲的史畢瓦克。他來自俄羅斯少數民族，從烏拉山脈的村落到莫斯科就讀柯莫哥洛夫寄宿學校，他不知道他的姓氏聽起來很像猶太姓氏，所以無法理解為什麼自己會突然被踢出名單，由排名第七的烏克蘭學生取代。

對培訓選手來說，冬季訓練營的內容包括模仿數學奧林匹亞競賽的解題競賽、嚴苛的體育課，還有知名數學家的講課，其中有許多人對這些男孩來說是活生生的傳奇人物；此外還有煩人但尚且在容忍範圍內的噪音，因為有不同的教育部會和黨政官員在訓練營四處徘徊，偶而把學生逼到一角，提醒他們在國際數學奧林匹亞競賽中要捍衛的是蘇聯的榮耀。然而，對教練來說，訓練營不僅是要培訓和評估這些男孩的能力，也是為了消除聒噪不休的官員所造成的影響。他們選擇該打的仗，就連要把顯然不可或缺、資質卓越的佩雷爾曼列入出賽選手名單，都需要一番奮戰，因為對部會首長來說，有這種姓氏的選手意味著麻煩；那些教練在爭取時用盡了所有論點，而名列第六、姓氏可疑的史畢瓦克就成了犧牲品。

在距離當年二十五年後，我見到史畢瓦克時，他就像一個數學大頑童：身材高大，一頭蓬亂的灰髮，穿著不搭配、有多種顏色的毛衣。他拜託我不要在令人不適的咖啡廳訪談他，所以最後他是在我的公寓接受訪問。他在莫斯科一所專業學校當數學老師，大半生時間都用於蒐集給資優兒童使用的數學問題集。他回答問題的態度和藹但直接。

「你還記得抵達契諾哥洛夫卡時的情形嗎？」我問道：「那時候是早上、白天，還是傍晚？」

「我看不出這問題有什麼有趣的地方。」他回答說：「如果妳問我現在大家都在哪裡，可能有趣得多。」

「的確是。」我坦白地說：「那現在每個人都在哪兒？」

「我不知道。」他回答地直截了當。

我在問到代表隊成員之間的感情時，獲得的回應沒好到哪裡去：史畢瓦克聲稱，他覺得那時的經驗沒有特別到會讓出賽的男孩之間建立起感情。我爭論說壓力是很強大的團結因子時，他開始討論起在不同競賽中的問題相對的複雜程度。但他在回想自己努力爭取成為選手的往事時，記憶顯然很鮮明，甚至讓他情緒激動。他一開始就知道自己必須成為選手，才能進入大學。即使他不知道自己的姓氏發音令人起疑，他也（十之八九正確地）判斷出自己無法通過入學考試中的論文測驗。「我只知道我得在軍隊裡待兩年，不知道在那裡會發生什麼事。」他告訴我。所以他得用盡全力設法參加國際數學奧林匹亞競賽。他懇求了又哀求，還引起教練與部會官員互吼，最後他雖然仍是第七名選手，但獲准可以拿問題集回家做。那是一本小小的書，供有潛力的選手在一月的訓練營結束後到四月的全蘇聯奧林匹亞競賽間做臨時練習用。

四月時，所有男孩齊聚曾是黑海大城的奧德薩（Odessa）。他們花了兩天時間在海濱勝地解他們面對過最困難的問題：一般一致認為全蘇聯數學問題集比國際數學奧林匹亞競賽的題目還難。史畢瓦克察覺到這次競賽攸關自己的餘生，所以沒有把任何事視為理所當然——他開始瘋狂絕望地答題，在整整兩本作文練習本上寫滿教科書的證明，這些僅僅在他的解答基礎中占一部分而已，也說明他的解答都是基於穩固的基礎。如果佩雷爾曼也察覺到這個世界是個不公的地方，應該也會認為自己的餘生瀕臨危險。但是佩雷爾曼對自己及萬物秩序的信心，是無法撼動的。他的做法一如往常：讀問題，閉上眼睛，往後靠，用手掌摩擦褲管，愈來愈快，然後兩手互相摩擦，張開眼睛，寫下非常精準、簡潔的解答。如果遇到比較困難的問題，他會輕輕地哼唱。他的解答只用了兩頁而已。他和史畢瓦克都得到滿分。[16]

在競賽的最後一天，當裁判聚在一起評分時，七名最優秀的競爭者（這次包括史畢瓦克在內）獲選陪伴最後一次來視察國家競賽的柯莫哥洛夫，一起在奧德薩散步。史畢瓦克和桑伯斯基都不記得當時柯莫哥洛夫跟他們討論的內容（無論如何，當時他已經罹患帕金森氏症，要了解他的話必定很困難），但他們倆都記得他一度要求七個人都前往海灘。「海風冷得刺骨。」桑伯斯基回憶說：「我們得待在他身邊，因為我們都被警告過不能留下他一人，因為他看不清楚。然後柯莫哥洛夫決定去游泳。他脫下衣服，走進海裡，我怕得甚至不敢看；當時非常冷，海上幾乎像還有一片片浮冰漂流著。鉛色的海浪撞擊出泡沫，風強到能把人吹倒。我們沒有人跟著他下海。」一名警衛很快出現，要這些男孩去「救祖父」，在這種天氣，他在海裡顯然不可能會好過。那些男孩拒絕，原因不是如史畢瓦克所記得的，他們的泳技都不夠好，就是跟桑伯斯基的記憶裡一樣，因為他們沒有人敢面對柯莫哥洛夫。

無論是哪個原因，都出現了接下來的畫面：一九八二年四月下旬，一個寒冷灰暗的午後，二十世紀俄羅斯最偉大的數學家在做最後一次數學旅行時，到冰寒的黑海裡游泳，而二十一世紀俄羅斯最偉大的數學家則面無表情地坐在岸邊看著。他會來海邊，是因為接到留意「祖父」的指示；他對於跟數學湊和在一起的散步和閒聊沒什麼貢獻，而且對柯莫哥洛夫用僅餘的體力在享受的海水，明顯感到厭惡。俄羅斯豐富開闊的數學時代即將結束，而封閉隱祕、個人主義濃厚的時代即將開始。當然，當時還沒有人知道這一點。

佩雷爾曼在海灘等柯莫哥洛夫時，全蘇聯數學奧林匹亞競賽的裁判已經算出競賽的最終成績，而魯克辛、阿布拉莫夫和其他幾名裁判開始最後一波漫長辛苦的過程，以確保佩雷爾曼可以到布達佩斯參加國際數學奧林匹亞競賽。前一年國際數學奧林匹亞競賽在美國華盛頓特區舉行，那年蘇聯競賽的第一名是來自基輔的高中高年級生娜塔莉・葛林伯格（Natalia Grinberg），一個猶太女孩。那一年剛好美國杯葛在莫斯科舉行的奧運（不是數學奧林匹亞競賽），雷根（Ronald Reagan）以「邪惡帝國」（Evil Empire）一詞定調了美國對莫斯科的政策；也在那一年，蘇聯實際中止了猶太人向他國移民。在這種情況下，蘇聯官員不可能讓一名猶太女孩代表國家到華府參加國際數學奧林匹亞競賽：莫斯科可以預見美國媒體會報導她的參賽，還要考慮她可能投奔他國的可能性（還有其後的公開報導），這些都使風險增高到無法接受的地步。葛林伯格獲選為隊員（非得如此不可），但就在旅行即將依行程展開之前，她獲知她的旅行文件無法及時通過。[17]那年蘇聯只有派六名選手出賽，而不是規定的八名（另一名選手也有所謂的文件問題），所以全隊僅以230分拿下第九名[18]；那年擊敗蘇聯隊的每一個國家都派了八名選手參賽。阿布拉莫夫以這項成就為榮：他先前就已確保蘇聯隊的分數最多減少84分，因為這是這兩名未能成行的選手原本應該可以拿到的分數。

葛林伯格後來移民德國，成為卡爾斯魯厄大學（Karlsruhe University）數學教授[19]。她的兒子達利耶・葛林伯格（Darij Grinberg）在二〇〇四年至二〇〇六年間三度代表德國參加國際數學奧林匹亞競賽[20]，贏得兩面銀牌和一面金牌。國際數學奧林匹亞競賽仍在進行裁判期間，她在得知兒子顯然已贏得金牌時，在一個數學論壇上恭賀他及其隊友，並在署名時寫道：「娜塔莉・葛林伯格，前蘇聯一九八一年代表隊第一名選手，她（在最後一刻）不得離開摯愛的祖國去參加華府的國際數學奧林匹亞競賽」[21]。對這位教授來說，她花了大多數的童年和青少女歲月想要贏得的獎項，最後卻遭否決，二十五年的時光顯然仍無法減輕她當時感受到的傷痛與侮辱。

佩雷爾曼如以往一樣幸運，而且還沒有察覺自己的幸運。由於蘇聯在上一屆競賽中只拿到第九名，這次他們亟需恢復在國際數學奧林匹亞競賽中的排名。一九八二年的競賽將在匈牙利首都布達佩斯舉行，那裡屬於蘇聯陣營，所以從蘇聯官員的觀點來看，對公開宣傳和安全上的疑慮都比在華府來得少。儘管如此，參賽選手仍會跟來自世界其他地方的學生接觸，包括美國。此外，國際數學奧林匹亞競賽的規定是選手不能由成人監督：因為所有教練都參與裁判過程，所以參賽隊伍與帶隊的成人必須住不同的地方，接觸機會也必須減到最少。為了確保蘇聯選手在各個方面都有適當的表現，這些男孩定期聽部會官員簡短的鼓勵演說，提醒他們代表的是偉大祖國的榮譽，而成人則被迫向十幾名官員證明，他們照顧的選手在意識形態上都是可靠的。在這些官員眼中，風險仍然相當可怕。短短四年前，當國際數學奧林匹亞競賽在共產主義陣營的羅馬尼亞舉行時，蘇聯完全沒有派隊伍參加——根據傳聞，這是因為所有選手都是猶太人。

蘇聯公民若要獲准旅行，必須申請外國旅行護照（當然，一般人是不得擁有的），而且要有出境簽證。這必須取得地方官員、旅行當局和祕密警察的許可才行。若要進行代表國家的公務旅行，必須獲得黨內各個層級的許可，一路從地方到地區，再到聯邦層級。佩雷爾曼這類人的文件在任一個階段，都可能遭到過度謹慎的官員無限期擱置。「於是阿布拉莫夫跟我協議好。」魯克辛回憶說：「他到莫斯科奔走。我在聖彼得堡運作，設法使他的文件過關。你知道，畢竟我在俱樂部有許多學生的父母是有力人士。」魯克辛用盡了所有籌碼，包括一名祕密警察主管，他兒子是他的學生；還有當地一位黨內大老，他是他同學的父親；還有另一位黨內大老是另一名同學的先生。同時在莫斯科，阿布拉莫夫定期去教育部，拜託那些官員留意蘇聯最有希望的數學家所繳交的文件在官僚體系中的進展。

這六名選手（包括四名正選選手，兩名備取選手）回契諾哥洛夫卡，度過六月。令人難以置信的是，這些男孩不參加社交活動，也沒有建立起感情（或者該說如果不是六個特別有數學天分的男孩，而是六名普通的青少年密切相處一個月，這樣的結果可能會很不可思議）。他們連續接受訓練，只有在打排球、有數學名家來訪或官員要做激勵談話時才稍事休息。到了七月，四名選手已經拿到旅行文件，分別是史畢瓦克、來自白俄羅斯的提堅科（Vladimir Titenko）、來自新西伯利亞的馬特維夫（Konstantin Matveev），還有隊上唯一的猶太人佩雷爾曼。〔22〕

蘇聯隊在七月七日抵達布達佩斯。所有選手都被帶到一家旅館，同屬一國的四名選手住同一間。現在這些學生全得靠自己〔23〕；他們的教練比他們早幾天抵達匈牙利，參與最後的準備工作——核准競賽題目的翻譯，並將每個解答的各個部分標上分數。現在連陪同這些男孩飛到這裡的部會人員也已離開。

競賽持續兩天：七月九日和十日。每天都有一百二十名選手花四個半小時的時間，解三道題。每解出一個問題的完整解答，可以獲得7分；只要解題方向正確，儘管沒有提出完整的答案，仍可獲得1到6分不等的成績。競賽結束後是長達三天的裁判過程〔24〕（這是一個複雜的協商過程，有時主辦國的裁判、有特殊問題發生的參與國所派出的評判，還有代表選手利益的教練，會率直地爭論）。

在這段期間，參賽選手交由當地人手負責照顧。他們必須當好客人和令人欽佩的國家代表（這些都是他們很不擅長的社交工作）。他們到布達佩斯附近旅行，搭船順多瑙河而下，到巴拉頓湖（Balaton Lake）觀光和游泳，造訪魯比克（Ernő Rubik），他發明了廣受世人歡迎的魔術方塊和其他磨人的數學玩具。大多數時間，他們沉默地旅行，不過魯比克設法引發他們問一些問題，大多是關於解決他的謎題最少需要多少步，以及有沒有可能發明一種演算法，解出萬用的魔術方塊解法。

佩雷爾曼對風景沒有興趣[25]，拒絕游泳，對偉大的魯比克也沒有任何問題要問。

這支蘇聯隊最後被賦予的社會責任，跟一袋徽章有關。這些徽章是一位部會官員交給他們的，她先跟他們談到對祖國的責任，身為選手與外交官的責任，還談到國際友誼。接著她就拿出這袋徽章（觀光徽章，上面印有莫斯科和列寧格勒的風景），然後顯然很快鎖定當中最脆弱的選手史畢瓦克，把那袋徽章塞到他手裡。史畢瓦克已經為祖國盡了數學責任（後來他獲得銅牌），現在又得設法處理這袋紀念品。他嘗試拉隊友幫忙，但沒成功，於是只好拿著袋子到旅館的走廊。

「即使沒有人監督，我們還是得遵守秩序。」史畢瓦克告訴我：「所以我去走廊，想把它們推銷出去，不過由於我幾乎不會說英語，所以很難做到。然後我跑去美國隊的房間，如果妳看到他們逃離『邪惡帝國』的模樣，我是說他們真的爬到床底下去，妳真的會以為我正要拿槍打他們。我試著說一些友誼之類的話，但知道那實在太難。」最後史畢瓦克離開美國隊的房間，把那袋徽章扔到他認為絕不會被人找到的地方。

一九八二年七月十四日，國際數學奧林匹亞競賽的最後一天，佩雷爾曼獲得他的獎品：一面長六角形的金牌；一張由科威特隊（最後一名）贊助的特別獎獎狀，這個獎是頒給獲得最多點數（滿分42分）的選手；匈牙利政府贈予每位得獎人的一面巨旗；一個魔術方塊，佩雷爾曼在回到列寧格勒後旋即把它送人。[26]這些都是獎品；佩雷爾曼多年來專心一意接受訓練所獲得的實質獎勵，則是能進入大學，而對他的需求來說更重要的是，能在其後的五年不受干擾。

註釋

1 里錫克，作者訪談，聖彼得堡，二〇〇八年二月二十八日；戈洛瓦諾夫，作者訪談，聖彼得堡，二〇〇八年十月十八日和十月二十三日。

2 G. F. Krivosheev, ed., *Rossiya i SSSR v voynakh XX veka*, website of Zabytiy Polk, http://www.polk.ru/pl/afg1.php, accessed March 27, 2008.

3 一九七九年的第一名得主是列文和佩雷爾曼，第二名是蘇達科夫和舒賓，四人全部來自魯克辛的數學俱樂部。此外，前一年的第一名奧特曼（名字不明）和第二名查門克曼分別獲得表揚獎。資料提供：佛敏（Dmitry Fomin），聖彼得堡／列寧格勒數學奧林匹亞競賽史學家，寄給作者的電子郵件，二〇〇八年三月十四日和三月十五日。

4 參見 http://www.mathcenter.spb.ru/history/fomin.html, accessed March 14, 2008。

5 佛敏電子郵件，二〇〇八年三月十四日。

6 阿布拉莫夫，作者訪談，莫斯科，二〇〇七年十二月五日。

7 魯克辛，作者訪談，聖彼得堡，二〇〇七年十月十七日和十月二十三日及二〇〇八年二月十三日；訪談戈洛瓦諾夫。

8 競賽描述出自 Fomin, "Istoricheskiy ocherk"。

9 訪談魯克辛。

10 Simon Singh, *Fermat's Enigma: The Epic Quest to Solve the World's Greatest Mathematical Problem* (New York: Anchor, 1998).

11 薇瑞夏基娜（Yelena Vereshchagina），作者訪談，聖彼得堡，二〇〇八年二月十三日。

12 史畢瓦克，一九八二年國際數學奧林匹亞競賽蘇聯代表隊成員，後為數學教師，作者訪談，莫斯科，二〇〇八年二月七日。

13 桑伯斯基，一九八二年國際數學奧林匹亞競賽蘇聯代表隊候補選手，後為電腦科學家，作者訪談，莫斯科，二〇〇八年二月十四日。

14 http://russiansport.narod.ru/files/norms_gto.html, accessed April 1, 2008.

15 訪談葉菲莫娃。

16 訪談阿布拉莫夫、史畢瓦克。

17 訪談阿布拉莫夫。

18 資料出自國際數學奧林匹亞競賽官方網站，http://www.imo-official.org/year_country_r.aspx?year=1981, accessed April 7, 2008。

19 http://www.mathematik.uni-karlsruhe.de/iag1/~grinberg/en, accessed April 7, 2008.

20 http://www.imo-official.org/participant_r.aspx?id=7901, accessed April 7, 2008.

21 http://www.mathlinks.ro/Forum /viewtopic.php?t=101785, accessed April 7, 2008.

22 一九七八年國際數學奧林匹亞競賽代表隊資料參見 http://www.imo-official.org/year_country_r.aspx?year=1978, accessed April 7, 2008；其他出自訪談魯克辛。

23 A. Abramov and A. Savin, "XXXIII mezhdunarodnaya matematicheskaya olimpiada," *Kvant* 12 (1982): 46-48, http://kvant.mirror1.mccme.ru/1982/12/XXIII_mezhdunarodnaya_matemati.htm；訪談史畢瓦克。

24 Abramov, Savin；訪談史畢瓦克。

25 訪談阿布拉莫夫、史畢瓦克。

26 參見 http://imo-official.org/participant_r.aspx?id=10481, accessed April 16, 2008。

第五章
成年的規則

對佩雷爾曼來說，大學始於漫長的火車旅行，長長的行列，還有文書工作。魯克辛的數學俱樂部大約有十名成員常集體行動。在魯克辛眼中，佩雷爾曼成了前往數力系就讀的開路先鋒。由於他有權不經過入學考試就進入大學就讀，這迫使或讓大學得以超過每年兩名猶太學生的名額，招收了至少三個根據歧視性入學政策的標準道道地地是猶太人的學生：他們的姓氏聽起來像猶太人，身分文件也證明他們是猶太人。在將近三百五十人的新班級中，多一名猶太學生，看起來可能就像在水桶裡滴一滴水一樣，但對魯克辛而言，他能送三名而不是兩名學生去數力系，感覺像是打了一場勝仗，（從他在二十五年後談起這件事的情況來看）甚或更像一場革命。數學俱樂部的其他成員能進入聲望卓著的數學系就讀者，不是俄羅斯人，就是像戈洛瓦諾夫一樣透過婚姻或其他情況，變更為俄羅斯姓氏和俄羅斯身分文件的猶太人。

這一大批新生大約分成二十五人一組。佩雷爾曼和幾個來自魯克辛的數學俱樂部及列寧格勒其他數學專業學校的學生分到同一組，尚未安排的學生也會轉進這一組。後來這一組成為類似數力系內的精英學習中心〔1〕，成員經常像在中小學時期一樣被挑選出來。他們大多每天從城裡通勤上學；在一九七〇年代，列寧格勒大學已經把它的科學科系遷到市郊的彼得宮（Petrodvorets）〔2〕，大約在列寧格勒西邊二十英里處。這次遷移計畫原本極具野心，校園即為城市，就像俄羅斯的劍橋大學一樣，但最後的結果卻虎頭蛇尾，以玻璃和混凝土新建的數學、物理與科學大樓，變成位置不便的學校，學生被迫通勤（其餘系所仍留在列寧格勒）。學生得搭沒有暖氣、只有木椅的市郊火車，每每得趕搭一定的班次，才趕得上第一堂課，而且經常會錯過最後一班在午夜前發車、通往市區的火車。

俄羅斯的大學提供高度專業的教育。數力系以培育職業數學家為宗旨；若失敗的話，就以培育數學教師和電腦程式設計師為目標。在與本科無關的科目中，一般被視為文理的科目極少，但是仍有研究馬克思理論的必修科目，儘管不像人文科系那麼繁重，這些科目包括辯證唯物主義、歷史唯物主義、科學共產主義、科學無神論、資本主義政治經濟學，還有一門叫「當代資產階級哲學暨反共產主義意識形態特定脈絡之評論」（A Critique of Certain Strands of Contemporary Bourgeois Philosophy and Anti-Communist Ideology）的課，授課老師是一位年輕的哲學教授。他先是對馬列哲學大加頌揚，把其他當代哲學家視為腐敗之物，然後開始跟學生談尼采（Friedrich Nietzsche）和祁克果（Søren Kierkegaard），那是學生總是想知道卻又害怕問的主題。「這就是我們實際上的課。」戈洛瓦諾夫告訴我。若非如此，大多數學生會設法逃課，不僅是意識形態的課，也包括大班的講座，而且大多數時候都會逃掉非專業領域的課。不用說，在這群學生中有一個例外：葛利沙・佩雷爾曼，他每一堂課都上，包括大班講座在內；其實他根本不必上大班講座，因為在以5分為滿分的成績制度下，他的成績從來沒有掉到4分以下。

戈洛瓦諾夫稱馬克思主義課為「瘋狂的學科」，佩雷爾曼卻接受它們，視之為學習的一部分，並用清晰的頭腦造福所有同學。「葛利沙清晰的心智非常有用。」戈洛瓦諾夫回憶說：「講到潛意識流，你不是得全部接收，就是完全忽視。前者對一般人來說不太可能，後者又充滿危險。但是葛利沙可以說設法找出了這些學科的思想脈絡，所以他為這些瘋狂學科所做的筆記，對我們所有人都很有價值。」

當時學校教了大量無聊的馬克思理論，而佩雷爾曼儘管費力卻仍讀得下去，原因就在於他是真的對任何政治都不在意。「在葛利沙的字典裡，**政治**向來意味著詛咒。」戈洛瓦諾夫說：「比方說，如果我想籌備改善現況的活動，即使是為了幫助我們摯愛的老師魯克辛，他也會說：『那是政治，我們應該專心在解題上。』你得了解他真的就是這樣：他對所有種類和傾向的政治一律不喜歡。」佩雷爾曼之所以有這種態度，倒不是因為傳統俄羅斯知識分子對政治過程向來感到不安，而是因為他真的對數學以外的事物不感興趣。在其他學生可能覺得受到侮辱或感到興奮時，佩雷爾曼仍保持冷靜；這些課堂上討論的議題，都跟重要事物無關。他對馬克思理論所做的筆記純粹是一種系統化的練習，而且是以他特有的效率完成的。

縱然有意識形態課程（而且畢竟比許多其他科系少），數力系在蘇聯仍被視為是自由的高等學習機構。那些想以最少的努力和最少的知識唸完五年課程的人，只要熬過第一年繁重的課業，其後便可輕鬆過日子。那些想儘早專攻特定數學領域的人，基本上可以對其他領域視而不見。佩雷爾曼可以說是數力系最罕見的學生：他想學習有關數學的一切。

大多數想在數學上一展長才的學生很早就知道，他們命中注定要專攻特定的領域：他們的大腦只能專攻一個領域。代數學家可能會尋找最有希望的代數問題，而幾何學家可能會搜尋最有趣的幾何學家，一起進行研究，但一般而言，他們的方向都已確立。佩雷爾曼的大腦卻可以容納所有數學。有些人在回顧以往之後，可能會說拓樸學做為數學的精髓，最終吸引了佩雷爾曼，但他唸大一時幾乎沒有接觸過拓樸學（只有純粹的範疇和明確的系統，沒有資訊干擾的領域）。大多數數學家都會記得，大一的拓樸課教他們借助一個小洞把內胎由裡向外翻轉的腦力練習；但大多數人記得的是拓樸學極難理解的本質，而不是它簡潔的明晰程度。佩雷爾曼沒有想提早專攻一個領域常見的動機是：他沒有必要為了節省時間，只研讀未來打算從事的數學領域。他並不急著朝特定領域發展。他為數學而活，靠做數學而活。

佩雷爾曼參加所有數學領域的講課和研討會，不太關心教學品質。這效果有時很滑稽。大四那一年，他去上電腦科學的一門課，教課的老師是系上名聲最差的老師之一。「正常人不會去上這門課。」戈洛瓦諾夫說。佩雷爾曼去了。他一般坐在教室前面，這可能是他引起那位老師注意的原因。有一次那位老師突然對數力系學生普遍的數學知識感到焦慮。「我們的大四生甚至不會解簡單的柯西問題（Cauchy Problem）。」他說道。他在黑板上寫下這個古典微分方程問題，然後問佩雷爾曼：「你可以告訴我怎麼解這個問題嗎？」

佩雷爾曼冷靜地走到黑板前面，寫下解答。

「沒錯。」那位老師說：「這位同學答對了。」

在佩雷爾曼和他的同伴以前學習的地方，無法在別人要求時解答柯西問題的高中生會被鄙視為愚蠢的人——戈洛瓦諾夫評論說：「這麼說很恰當。」然而，在這位老師處於握有權力的地位時，佩雷爾曼似乎願意做荒謬的練習，一聲不吭。後來，當他察覺到自己必須向同事或學術當局證明自己的價值時，立刻勃然大怒，但是在大學環境裡，他顯然給予教授們幾乎毫無限制的特權。這位電腦科學的老師還有把學生的筆記釘在課桌上的奇特做法，以確保學生確實有來上課，而不是借別人的筆記。佩雷爾曼也容忍了這種侮辱性的做法，改以口頭講述重點的方式來幫助同組其他同學。

佩雷爾曼對同組的同學很忠誠，只要前提是不違反他所認知的規則。根據數力系的慣例，學生必須幫忙在筆試時卡住的同學。他們不可能公然作弊，因為每個學生拿到的問題集各自不同，都是隨機自大量問題中抽出。但在陷入困境時，學生可以傳一張紙條給別的同學，簡短地總結問題。對方的回應不會是解答，而經常是「試試這個策略」之類的建議。由於佩雷爾曼擅長解答各種問題，又是蘇聯及或許全世界相同年齡層裡思考最快的人，自然成為回答這類問題最好的人選。然而，他不願回應這類請求，並且明白表達自己對這種做法的不贊同〔3〕：每一個人都應解決自己的問題。

社會上普遍盛行的想法，以及佩雷爾曼對世界該如何運作的構想之間存在著一些緊張壓力，佩雷爾曼認為大多數人的想法不合邏輯、不一致，而且不斷變換（事實上也的確如此），但在從青少年轉變為成人的過程中，佩雷爾曼似乎找到了緩解這種緊張情況的方法。他知道有少數價值觀是絕對的，於是根據這些價值觀得出一套自己的規則並加以實踐。在有新情況出現時，他會設法找出適用於它們的規則——對一個觀察者而言，這項做法本身看似同樣不一致且變換不定，但這只是因為這個觀察者不知道當中的規則系統。很自然地，佩雷爾曼會期望別人也遵循他的規則；他應該從來沒有想到過，其他人並不知道這些規則。畢竟，這些規則的基礎是普遍的價值觀，而誠實正是其中最根本的價值觀。誠實意味著必須說出完整的真理，意思是所有可用的正確資訊（就像佩雷爾曼先前在提出自己的證明時，堅持提供跟實際解答無關的資訊一樣）。在數力系的考試中，提供**所有的可用資訊**顯然應該包括指明最早提出解答構想的人，而這跟每一個學生都必須自己做題目誠然是不一致的。後來，佩雷爾曼把許多數學家加腳注時過於草率等等做法，視同剽竊。他對筆試的看法可能也受到競賽選手的習慣影響；畢竟，考試的形式看起來跟數學奧林匹亞競賽類似，或許在佩雷爾曼的感覺上也類似，而在競賽中要求其他參賽選手提供有關解答的提示是無法想像的。

數力系的學生到了大三時，必須選擇一個專門領域，一般即是其日後唸研究所和做研究的領域。戈洛瓦諾夫選擇的是數論。對於在遇到幾何問題時可能被踢出競賽，而且喜歡跟數相處，就像有些人喜歡跟人相處一樣的男孩來說，選擇數論是很自然的事。佩雷爾曼選擇了自己的命運。他選的是幾何學，他私下告訴同組的同學，這是因為他想進入只有少數大師的領域，這樣他才有可能也成為其中之一。在一九八〇年代的列寧格勒，幾何學就像與時代不符的學問：它沒有電腦科學耀眼，又沒有數來得浪漫，而且研究幾何學的人實在只剩一些富有傳奇色彩的老人。他的同學之一的穆斯利莫夫（Mehmet Muslimov）記得佩雷爾曼在宣布自己的選擇時，聽起來不會自命不凡。如果要形容的話，可以說這聽起來很合邏輯：他就像來自另一個時空的人，即使在怪人無數的大學數學系，他仍顯得奇特，有著與眾不同的心智；他會意識到自己想成為這個領域的大人物，只能說很合理。佩雷爾曼跟他同學說的意思，也有可能是他對其他人及他們做事的方式感到惱怒，而他所選擇的領域似乎能吸引內在行為準則跟他一樣嚴格的少數人。

佩雷爾曼需要有人引導他走向大師之路，或至少不會阻礙他，而且還要能在必要時保護他不受別人干擾。當時六十多歲的查加勒（Viktor Zalgaller），對他的吸引力就很大。〔4〕

二〇〇八年初，我到特拉維夫南方二十英里的雷霍沃特（Rehovot）訪談查加勒。〔5〕雷霍沃特是以魏茲曼科學院（Weizmann Institute of Science）為中心發展而成，這個科學院是一所數學研究機構，也是查加勒任職的地方，雖然他的研究都是在自己的公寓完成，他的妻子因阿茲海默症末期而幾乎成天靜靜地臥病在床。「我太太不再能整理房子了。」查加勒在歡迎我進屋時道歉地說。他們的公寓相當凌亂而不方便，壓皺的被褥就放在客廳沙發上，書籍、論文和茶杯也雜亂地堆著，看得出以前顯然就很隨意。查加勒本人同樣邋遢：鬍子未刮，圓領毛衣罩著灰色睡衣，但他的態度卻有條不紊，高效俐落。他在談到佩雷爾曼時，口吻喜愛中帶著敬畏，這正是他向來對佩雷爾曼的感覺：他說「從一開始我就沒有東西可以教他」。

查加勒是二次大戰的老兵〔6〕，也是很有魅力的老師，幾乎一手塑造起239號學校的數學課程和教學風格（一九六〇年代，他特別減少研究和在大學的教課時間來做這件事），而且他還是無與倫比的說故事高手。這些都使他在大學及列寧格勒數學研究院（Leningrad Mathematics Institute）受到歡迎，不過這些特質對佩雷爾曼沒有特別的吸引力。「他喜歡我，我毫不懷疑這一點。」查加勒告訴我：「這可能跟倫理道德有關，也就是我認為人必須做的事。」我請他解釋時，他說：「他喜歡我跟學生溝通的風格。他一定知道我不會很嚴格，還有跟我學習會很有趣。」事實上，佩雷爾曼似乎不怎麼關注老師的教學風格。他之所以受到查加勒吸引，應該是因為他面對這個世界的方式比較特殊。查加勒告訴我的一個故事就是很好的例證，但他不准我錄音，顯然是因為這與他本人有關，而不是佩雷爾曼——查加勒認為談他自己是不當的做法。我一離開他的公寓，立即憑記憶把故事寫下來。

查加勒跟當代大多數蘇聯男性一樣，在二次大戰初期加入紅軍，而且是極少數幸運的人，參戰整整四年沒有絲毫損傷。他在一九四〇年代末自列寧格勒大學畢業，那時史達林反猶太的「反世界主義者運動」（Campaign Against Cosmopolitans）正值高峰，全蘇聯的猶太人發現自己遭到大學、研究所和雇主的拒絕。在查加勒的畢業班，有五名猶太學生申請繼續唸研究所。查加勒認為他們都是值得錄取的學生，但是當大學貼出研究所的錄取名單時，他發現只有他被錄取，另外四名猶太學生無一入選。於是他拒絕入學。

這老人看出我預期他會說他不願按潛規則的意思走，說他想留下來唸研究所，但若是以犧牲其他學生為代價的話，他絕不願意。「我不是對抗反猶太主義的鬥士，」他開口糾正我沒說出口的這些誤解，而且明顯有些生氣，「我只是不想依靠那些人而已。」如果他是唯一被錄取的猶太人，等於接受了施恩，這是他拒絕入學的真正原因。

於是查加勒固執且幾乎奇蹟似地按照自己的主張開始職業生涯，只接受他確定自己可以回報的恩惠，並且遵守比別人更嚴格的行為準則，（或許對佩雷爾曼來說同樣重要的是）這些行為準則經常只有查加勒自己才明白。一九九〇年代初，蘇聯研究人員開始得寫申請經費的計畫時，為了解決研究方向與基金提供者的偏好不合的兩難困境，查加勒發明了一種巧妙的方法：他拿已經成功完成但還沒有出版的計畫來申請計畫經費，然後用獲得的經費來贊助接下來的計畫。當然，吸引佩雷爾曼的正是這些複雜、本質一致的道德認知和行為，於是他請查加勒擔任他的論文指導教授。

「我沒有東西可教他。」查加勒又重複一次：「所以我只是給他一些先前沒有人解答的小問題。一旦他解答完，我會確保它們獲得出版。所以葛利沙大學畢業時，已經有好幾篇已出版的論文。」換句話說，他持續提供佩雷爾曼的大腦養分，繼續魯克辛所做的事，而且總是溫和地幫自詡為數學大師的佩雷爾曼找到他該走的路。

對佩雷爾曼的一生影響最大的一件事，或許是他在列寧格勒唸大一時遇到的傳奇人物，一個身型短小、留著方形灰鬍的老人，名叫亞歷山大．達尼洛維奇．亞歷山德羅夫（Alexander Danilovich Alexandrov）[7]（一般會使用他取自父名的姓，以便區分他跟無數個亞歷山大．亞歷山德羅夫）；他是活生生的傳奇，而且不可思議到幾近荒謬的是，他竟然教數力系一年級的學生幾何學。

亞歷山德羅夫原是物理學家，但一九三〇年代自研究所休學，他曾解釋是因為「我無法承諾一定會做到別人期望我做的事」[8]。他的兩位指導教授之一是物理學家福克（Vitaly Fok），據說他曾對亞歷山德羅夫說：「你人太好。」另一位指導教授，數學家狄隆（Boris Delone）補充說：「你太沒有野心。」他二十五歲時已為兩篇博士論文辯論過，贏得許多聲望卓著的獎項，並在一九五二年以四十歲之齡成為列寧格勒大學校長。

「亞歷山德羅夫對葛利沙有很大的影響。」戈洛瓦諾夫宣稱。他親眼見證他們的友誼開始：因為那年他也有去上亞歷山德羅夫在大一教的幾何課。「他就是那種能在心理上發揮很大影響力的人。簡言之：他是智識力量極度驚人的青年先鋒。我知道很多關於他的事，我想他一輩子都不曾想過要做任何壞事。以這種看待事物的方式，他做的壞事自然會是大規模的——但這從來不是他想要的。」戈洛瓦諾夫很清楚他對這位老師的描述，也很適合用在他的朋友佩雷爾曼身上。他繼續補充說「基於某種原因，有些人認為有一句很棒的〔拉丁〕諺語並不正確：*Vos vestros servate, meos mihi linquite mores*，意思是『各行其是，互不干涉』。從道德觀點來看，這項觀點無懈可擊。我想妳至少還認識一個以此為座右銘的人，只不過他不是大學校長」，不像亞歷山德羅夫。這個人剛好是佩雷爾曼。

亞歷山德羅夫之所以被任命為大學校長，原因在於他同時身為物理學家和數學家的背景：這兩門科學在蘇聯極力發展核武期間變得相當重要，因此在一九五〇年代初，選擇列寧格勒和莫斯科的大學校長時，會優先考慮物理學家和數學家，而不是黨政官員。亞歷山德羅夫也是共產黨員，而且是真正信仰共產主義的人，一直到一九九九年辭世為止。[9]然而，他並不擁護政府體制。他在擔任列寧格勒大學校長時最引人注目的成就，就是保留遭史達林禁止的遺傳學研究。在其他地方工作的遺傳學家不是遭監禁，就是被降職，到動物農場工作算是最好的，最糟是做卑微的工作，亞歷山德羅夫確保了遺傳學研討會能繼續在他的大學召開。史達林過世後，他甚至設法請國際遺傳學家到校演講，相較之下，蘇聯正式的科學界一直到許久以後才慢慢再度接受遺傳學。一九五〇年代，有類似的破壞性運動正在成形時，亞歷山德羅夫也在保護數學家上扮演重要的角色。他幾乎一手將這項運動重新定位〔10〕，變成要保護蘇聯的數學威望，使蘇聯的成就不至於被想像出來的西方活動所詆毀。

當數學家因為意識形態不可靠或身為猶太人而遭攻擊時，亞歷山德羅夫也冒著失去職業生涯的危險支持數學家，這最終使他失去大學校長的職位。一九五一年，就在亞歷山德羅夫即將成為大學校長的前一年，數學分析系因為教職員主要都是猶太人而面臨解散的困境，他設法介入。當時系上成員已經投訴無門，因為沒有人覺得自己有足夠的力量或大膽到能夠幫忙。然後一位女數學家大膽請求亞歷山德羅夫介入〔11〕，這項舉動算是孤注一擲，因為這位女數學家曾嘲笑亞歷山德羅夫非主流的哲學研究，造成雙方不睦。但亞歷山德羅夫回應了請求，並且設法以換掉系主任的方式中止了這次攻擊。事隔近四十年後，亞歷山德羅夫會是保護佩雷爾曼的學術生涯、使之不受反猶太歧視傷害的重要人物；其後再過十年，數學分析系那位大膽的數學家拉蒂琛絲卡亞（Olga Ladyzhenskaya）會成為最後一位成功庇護佩雷爾曼，幫助他避開真實數學家世界的人。

亞歷山德羅夫是十成十的正信者。他監督列寧格勒大學遷出市區的計畫，多年後有一次他搭乘只有硬長椅可坐又過度擁擠的通勤火車前往大學時，一位他先前的學生為這件事責怪他，結果他的怒吼大到整個車廂都聽得到：「我相信黨的計畫！它在附錄裡說列寧格勒會朝南發展，而且市中心會往南移！結果他們卻開始往北蓋房子。」那名前學生是一位非常傑出的數學家[12]，後來他在回憶錄裡評論說，到了一九六〇年代，每個人都知道最好不要相信黨的文件。他或許錯失了重點：亞歷山德羅夫跟佩雷爾曼一樣，都缺乏「不相信」的基因；他有拒絕、反抗、甚至憎惡的能力，但他無法「不相信」。

亞歷山德羅夫在一九六四年遭解除校長職位，其後二十年在不完全自願的情況下，在西伯利亞過著放逐般的生活[13]，協助在那裡建造一座科學城。他七十多歲時回到列寧格勒大學，徒勞地希望重新獲得一個職位：幾何學系主任的空缺[14]。為選舉主任的籌備期間，他教一門大一課程，很受學生歡迎，原因之一是他從不隱晦自己所處困境的荒謬。比方說，他很熱中於引用數力系學生以他為題所做的無數打油詩，例如：

達尼里奇在數學裡忙
達尼里奇每天都早起
可惜種種努力只得到
學生覺得無聊的課程

最後，亞歷山德羅夫想成為幾何學系主任的希望，在學術與政黨當局的打擊下破滅[15]，於是他前往列寧格勒數學研究所任職，但在此之前他已經決定要把佩雷爾曼納入羽翼。其他學生之所以喜歡亞歷山德羅夫，可能是因為他的傳奇色彩，還有他不拘形式的教學方法和淵博的知識，佩雷爾曼之所以受到吸引卻是因為他矛盾又嚴謹的本質。

的確，要不是亞歷山德羅夫奇特大膽的大學管理方式，佩雷爾曼的職業生涯或許會朝截然不同的方向發展。一九六〇年代初，大學裡幾乎沒有什麼人研究拓樸學。當亞歷山德羅夫尋找有可能在列寧格勒帶動這個領域的人選時，遇到了羅赫林（Vladimir Rokhlin），他是柯莫哥洛夫和龐特里亞金的學生，當時在莫斯科的生活不穩定，只能勉強維持生計。他先前在蘇聯集中營「古拉格」（Gulag）待過，仍受到監視，一般會認為無法雇用他。[16]亞歷山德羅夫把他帶到列寧格勒，不僅設法讓他在大學任教，還提供他公寓。[17]羅赫林在列寧格勒指導十二名學生完成論文[18]，其中包括葛羅莫夫（Mikhail Gromov），如今葛羅莫夫已經是世界頂尖的幾何學家之一，同時也是把佩雷爾曼引入國際數學界的主要人物[19]。

佩雷爾曼可能對亞歷山德羅夫的這一面並不清楚，如果他知道的話，可能只會把亞歷山德羅夫的英雄行徑視為政治活動而已；他也不可能預測到後來亞歷山德羅夫在他的職業生涯中扮演的角色。亞歷山德羅夫吸引佩雷爾曼的地方，肯定是他對於數學、乃至於人生的態度。

一方面，亞歷山德羅夫屬於有無限雅量的學者。「他會把一些題目和有希望的構想交給學生。」查加勒說[20]，他曾是亞歷山德羅夫的學生。另一方面，他把數學視為解決問題的長跑馬拉松。他的一個學生記得有一次他走進亞歷山德羅夫辦公室的情景。

「你證明它了嗎？」亞歷山德羅夫問。[21]

「我應該證明什麼？」

「什麼都可以！」

「像這樣經常期待看到結果的影響是無與倫比的。」這名學生後來寫道：「從那一刻起，我每次都會為這個問題做好準備。」

亞歷山德羅夫無疑是列寧格勒、可能也是全蘇聯的幾何學之王。另一名學生回想起亞歷山德羅夫受邀撰寫蘇聯幾何學史的反應。「那就像厚顏地誇讚自己一樣。」亞歷山德羅夫說：「因為這個領域就只有我一人。」[22]還有一名學生寫到他聽到另一位教授的評述，大意是「亞歷山德羅夫已經發現數學的全新世界，現在正獨自一人寂寞地待在裡面」[23]。這是他選擇成為幾何學家的原因。佩雷爾曼先前在提到想研究只剩下大師的領域時，指的大多是亞歷山德羅夫。

大約在佩雷爾曼遇到亞歷山德羅夫的時候，據說亞歷山德羅夫已經在一場幾何學研討會上做過下面的評論：「每一個人都是混帳，每一個人都是壞人，恐怕只有耶穌基督例外。愛因斯坦也不是好人，因為核子彈在他的反對下依然引爆後，他並沒有離開美國。」[24]他曾寫道：「最後在事件普遍的相互連結下，一個人多少會在某個方面跟世界上發生的每一件事有所關連，而且如果他有對任一事件發揮任何影響力的話，就得為這件事負責。」[25]這種個人責任的觀點跟佩雷爾曼的誠實觀念恰恰一致，所以他採納亞歷山德羅夫的標準，並在後來用在遇到的每一個人身上。

佩雷爾曼進入大學時已經十六歲，正式成年。傳統青少年慶祝這個轉捩點的方式，可能是重新評估規則，更換權威人物或主張更加獨立。佩雷爾曼使規則變得更加嚴格，並且把查加勒和亞歷山德羅夫當成無懈可擊的權威人物，跟他的母親和魯克辛一樣。佩雷爾曼也以外表上的改變來顯示他已成年：他不再刮鬍子，而在數學俱樂部的世界裡，他從學生變為老師。

魯克辛追隨柯莫哥洛夫的傳統，開始尋求把第一批數學俱樂部的畢業生變成第一批出身這個俱樂部的老師。他選擇的人是佩雷爾曼和戈洛瓦諾夫，前者是他最喜愛的學生，後者早在十四歲就已經在魯克辛的塑造下顯露出成為優秀老師的潛力。魯克辛把他們帶到夏令營當老師。結果兩人都不太成功。戈洛瓦諾夫仍是個青少年，行為也像青少年；這種情形會隨著年齡漸長而消失，後來他真的成為優秀的數學教練，在熟練度和領導氣質上僅次於魯克辛。佩雷爾曼仍是佩雷爾曼，嚴謹、要求高、吹毛求疵；這些特質只會隨著年齡增長日趨嚴重，最後使得他不可能當老師，事實上也無法與人溝通。

無論是在唸大一的期間或之後沒多久擔任老師時，佩雷爾曼都從跟戈洛瓦諾夫的談話中觀察到，數力系必修的基本軍事訓練課證明很有用，因為他被迫記下的軍事規則可以直接用在數學俱樂部的運作。「他在說這件事時面帶微笑，當然這是因為他很聰明。」戈洛瓦諾夫回憶說：「但是看得出來這個原本應該是笑話的笑話，其實沒什麼好笑。」

在他上大一後的夏令營，佩雷爾曼負責教一群比他小兩歲的優秀數學家，包括現今威斯康辛大學教授納扎洛夫（Fedja Nazarov）[26]、萊斯大學（Rice University）教授波戈莫娜亞（Anna Bogomolnaia）[27]，以及巴黎馬恩河谷大學（Université de Marne-la-Vallée）教授阿巴庫莫夫（Evgeny Abakumov）[28]。每天早上，佩雷爾曼都會給他們二十道數學題——大約是俱樂部平常每半週所做分量的兩倍。這些問題極難，而且難度不斷提高，幾乎沒有考慮到學生的實際能力和成就。「一般的概念是吊在前方的蘿蔔應該剛好讓兔子跳起來搆得到。」戈洛瓦諾夫對我解釋說：「但是葛利沙相信兔子應該可以愈跳愈高。」如果有學生沒在中午以前解出至少一半的問題，就不能吃午餐。「當然，他們仍然有午餐。」戈洛瓦諾夫回憶說：「但這是不當的。」

十七歲的佩雷爾曼是怎麼看他這些十五歲的學生？這些學生會來數學營就證明了他們應該有相當的數學成就，也有學習欲望，儘管如此，佩雷爾曼是否仍懷疑他們私下懶得求知？有可能。「他肯定認為他們看待事情的方式還不夠認真。」戈洛瓦諾夫說：「也有可能是他自己太優秀，所以無法了解他們只是不夠聰明——無論如何，從他們後來的成就來看，這些孩子可能夠聰明了。」這更可能是傳統的心智理論（theory of mind）問題。十七歲的佩雷爾曼已經是大學生，數學奧林匹亞競賽冠軍，又是公認的解題機器，他沒有想過，也無法想像這些解題和競賽經驗比他少兩年又缺乏他那種強悍解題技巧的俱樂部青少年，就算真的全心投入也無法做到跟他一樣。

在不得吃午餐的懲罰失敗後，佩雷爾曼開始採取把學生逐出教室的做法。「我們嘗試解釋給葛利沙聽，如果一個學生獲准來數學營，就不能接連幾天不讓他進教室，那不是懲罰，而純粹是瘋狂。」魯克辛回憶說：「他回答說他不會讓那個學生進教室，除非他能解這個和那個之類的。那真的很難。」被逐出教室的人包括波戈莫娜亞、納扎洛夫[29]和科哈斯（Konstantin Kohas）[30]；十二年後，科哈斯成為數力系數學分析部主任。

既然佩雷爾曼的講課不容易理解，又顯然有虐待行為，魯克辛為什麼要留著他？答案之一肯定是魯克辛喜愛他，而且有他在身邊（這似乎就是他們倆在數學營共住一間宿舍的夏天），讓他的時間與教學具有額外的意義。但原因也可能是佩雷爾曼在當老師上的限制，恰好跟魯克辛對事情該如何運作的認知相符。他在描述這個情形給我聽時，借用了彼得（Laurence Peter）和霍爾（Raymond Hull）的著作《彼得原理》（*The Peter Principle*）裡的詞彙〔編注：彼得原理係指在一等級制度中，每個職工趨向於上升到其所不能勝任的地位〕：「佩雷爾曼對能力超強的學生來說是傑出的老師，對有能力的學生來說是好老師，對能力中等的學生來說是平凡的老師。你知道，鈷合金鑽頭是很棒的工具。但你不能用它來鑽玻璃：玻璃會碎裂。子彈可以在玻璃上留下一個乾淨俐落的小圓孔，但絕對不能用來鑽金屬。刀子和斧頭可以做類似的工作，但若要削鉛筆，刀子會比斧頭適合得多；若要砍橡木，則是斧頭比較適合。老師就像工具一樣。對少數能力超強、在老師的管理職責上不會造成紀律問題的學生來說，佩雷爾曼做得並不好。但在數學營裡，我們向來有個傳統：我們不會雇一個人來確保學生保持乾淨、準時用餐和睡覺，然後雇另一人來當老師。我們要雇的是『三位一體』（Holy Trinity）的人：老師、輔導員和領袖。因為這些孩子原本就不會尊敬隨機找來的營地輔導員。他們會尊敬帶他們去健行，跟他們一起在雨中淋雨，在大熱天一起流汗，一起做數學，一起討論書籍的老師，特別是當時我沒有比我的學生大多少。」[31]魯克辛比佩雷爾曼大九歲，也比他大多數的學生大十到十二歲，從他的措詞看來，他無疑認為自己不僅僅是受學生愛戴的老師，也是像神一樣的存在。這意味著那些從他的學生變成老師的人是天使，正因如此，在他的心裡，即使他們的才能明顯受到限制，或是有不合理、反覆無常和極其幼稚的行為，都是他們的權利。

在佩雷爾曼軍事風格的數學鍛鍊下首當其衝的學生，到了跟他旗鼓相當的程度時，衝突自然會發生。佩雷爾曼應該是在一九八五年夏令營前夕宣布，如果納扎洛夫和波戈莫娜亞也在那裡任教的話，他就不再在那裡教書。二十多年後，魯克辛不是想不起來，就是不願回想佩雷爾曼拒絕跟這兩位年輕老師一起任教的原因。佩雷爾曼似乎發現波戈莫娜亞基本上令人討厭，比方說，因為她是不穿裙子的女性，也因為他不知如何發現了她並不總是說實話。

「他有抓到她對他說謊嗎？」我問魯克辛。

「沒有，他只是發現她並不總是說實話。」魯克辛說：「我試著解釋給他聽，我是說只有傻瓜才會總是說實話，但我沒那麼說。我對他說的是，葛利沙，你說的不是人的一部分，而是一個人與其他人之間的關係特質。我永遠不會對某些人說謊，而對於一些人，我並沒有道德義務。我寧願不要對他們說謊，但我不排除有扭曲事實或不說出事實的可能。他無法接受這個觀點。」事實上，他或許是做不到；一種行為（特別是令他無法接受的行為）不是本身固有的特質，而是像特殊人際關係那樣難以捉摸的功能，對他來說十之八九是完全無法理解的事。此外，他知道至少有一個人宣稱自己總是說實話，而且一輩子奉行不渝，這等於指控魯克辛的基本前提是謊言。這個自稱從不說謊的人就是亞歷山大．達尼洛維奇．亞歷山德羅夫，他位於聖彼得堡的墓碑上刻的句子譯文就是「唯有事實值得尊崇」（The truth is the only thing to be worshipped.）。

波戈莫娜亞也想不起當時的事件，但她記得數學俱樂部的世界、夏令營和飽受衝突所苦的魯克辛。「當時我們還年輕，很難相處，要一起做事很難。」她解釋說，而她接下來的口吻變得比較超然，但使用的字眼卻還隱含著殘餘的苦澀（我推測應該是針對魯克辛）。「在我們的小瘋人院裡，人們會為了以我現在四十歲的眼光看來完全微不足道的事起衝突。」

波戈莫娜亞認為，佩雷爾曼大致上並不適合教書：「他的性情不太適合，我是說教數學除了純粹的數學以外，還需要其他的東西。」[32]但是佩雷爾曼沒有默默離開教職，而是怒氣沖沖地離開——這憤怒的滋生看來有部分是魯克辛造成的，他做了一切的事，但就是沒有阻止他那些不穩定的數學天使之間的衝突。「那年夏天我跟每一位同意到夏令營教書的老師討論。」他告訴我：「我們討論了這件事，決定從葛利沙的最後通牒來看，我們不能再讓他繼續教書。」

所以佩雷爾曼從十九歲起，他的世界就開始不斷縮小。他失去了從十歲開始培育他的社會環境。大約與此同時，也就是他唸大三的時候，他選了專業，這意味著他和戈洛瓦諾夫開始踏上不同的道路；先前將近九年的時間，他們一直一起去上每一堂課，一起去數學俱樂部，偶而在路上停步，用粉筆在人行道上寫公式，如今他們有了不同的時間表。由此開始，佩雷爾曼在這條路上走了二十年的歲月，最後走到他只跟母親和魯克辛說話的地步；魯克辛仍然在這個學生的生活中扮演神的角色，但是不再有那些數學天使來沖淡他們之間的師徒情分。

註釋

1 戈洛瓦諾夫，作者訪談，聖彼得堡，二〇〇八年十月十八日和十月二十三日；穆斯利莫夫，作者訪談，聖彼得堡，二〇〇八年二月二十七日（穆斯利莫夫唸大學和參加數學俱樂部時期原名阿雷克西・巴夫洛夫〔Aleksei Pavlov〕，但後來改信伊斯蘭教並更名，而且成為語言學家）。

2 http://www.naukograd-peterhof.ru/peterhof-history.html, accessed April 17, 2008.

3 訪談穆斯利莫夫。

4 訪談戈洛瓦諾夫。

5 查加勒，作者訪談，雷霍沃特，以色列，二〇〇八年三月十六日。

6 Mikhail Ivanov, ed., *Sbornik vospominaniy o 239 shkole*，未出版原稿。

7 參見亞歷山德羅夫傳記，http://www.univer.omsk.su/LGS/#s2, accessed April 24, 2008。

8 O. A. Ladyzhenskaya. “Ocherk o zhizni I deyatelnosti A. D. Aleksandrova,” in G. M. Idlis, O. A. Ladyzhenskaya, eds., *Akademik Aleksandr Danilovch Aleksandrov. Vospominaniya, publikatsii, materialy* (Moscow: Nauka, 2002), 7.

9 A. M. Vershik, “A. D., kakim ya yego znal,” http://www.pdmi.ras.ru/~vershik/B22.pdf, accessed April 24, 2008.

10 Idlis, Ladyzhenskaya, 8-10.

11 同前，74。

12 Vershik.

13 Idlis, Ladyzhenskaya.

14 Vershik.

15 同前。

16 Lev Pontryagin, *Zhizneopisaniye Lva Semenovicha Pontryagina, matematika, sostavlennoye im samim* (Moscow: Komkniga, 2006), 113.

17 Ladyzhenskaya, “Borba,” 75-76.

18 數學譜系計畫（Mathematics Genealogy Project），http://www.genealogy.math.ndsu.nodak.edu/id.php?id=42580, accessed April 24, 2008。

19 訪談查加勒·齊格（Jeff Cheeger），紐約大學教授，作者訪談，紐約市，二〇〇八年四月一日。

20 V. A. Zalgaller. "Vospominaniya ob A. D. Alexandrove i yego leningradskom geometricheskom seminare," in Idlis. Ladyzhenskaya, 16.

21 A. V. Kuzminykh, "Pamiati uchitelya," in ibid., 120.

22 M. A. Rozov, "Lev v kresle," in ibid., 155.

23 Yu. G. Reshetnyak, "Vospominaniya o nashem uchitele: A. D. Aleksandrov i yego geometricheskaya shkola," in ibid., 40.

24 O. M. Kosheleva, "My otvetstvenny za vsyo," in ibid., 125-26.

25 同前，126，摘自引用文。

26 納扎洛夫的學校網頁，http://www.math.wisc.edu/~nazarov/, accessed April 27, 2008。

27 波戈莫娜亞的學校網頁，http://www.ruf.rice.edu/~econ/faculty/bogomolnaia.html, accessed April 27, 2008。

28 法國數學家人名錄，http://www.maths.anu.edu.au/people/past_visitors.html, accessed September 23, 2008。

29 訪談魯克辛。

30 科哈斯的學校網頁，http://www.math.spbu.ru/user/analysis/pers/kohas.html, accessed April 27, 2008。

31 Laurence J. Peter, Raymond Hull, *The Peter Principle* (New York: Buccaneer Books, 1996), 46.

32 波戈莫娜亞，作者電話訪談，二〇〇八年四月十八日。

第六章 守護天使

「他要畢業時，他母親來找我。」查加勒回憶說：「她說繼續直升我們的研究所是他的夢想。」她指的是俄羅斯科學院（Russian Academy of Sciences）斯捷克洛夫數學研究所列寧格勒分所（Leningrad branch of the Steklov Mathematics Institute）。對於一名成年男子的母親去找他的指導教授討論兒子唸研究所的前景，查加勒顯然不覺得特別奇怪。查加勒和露波芙．佩雷爾曼可能都有充分的理由認為干涉有其必要，因為葛利沙本人不願意，也沒辦法為了留下來唸研究所而做一些必要的事。

自一九四〇年代末查加勒在入學名單上找到自己的名字後，研究所的入學政策近乎一成不變：猶太人幾乎無法從事研究工作。斯捷克洛夫數學研究所特別令人厭惡。一九七八年，一群美國數學家在赫爾辛基一場全球數學大會上傳閱一封公開信，信上說：「斯捷克洛夫數學研究所是數學界聲望卓著的研究機構。過去三十年來，一直由維諾格拉多夫（I. M. Vinogradov）擔任所長，他以此研究機構在他的領導下已『無任何猶太人』感到自豪……現今身居數學領域要職的人，不僅在面對有關當局時不願維護科學與科學家的利益，甚至做得比政治和種族歧視政策的正式原則還要過分。」[1]

管理斯捷克洛夫數學研究所將近半世紀的數論學家維諾格拉多夫，將蘇聯的反猶太歧視政策變成一場個人的聖戰。等到佩雷爾曼大學快畢業時，維諾格拉多夫雖然已經過世四年，還沒有久到足以減少五十年反猶太政策的遺風所造成的影響，他的繼任者以或多或少的熱忱延續他的做法，對於基本的蘇聯政策卻總是奉行不渝。然而，斯捷克洛夫數學研究所的決定權力都在莫斯科那邊，列寧格勒分所領導階層的影響力很小，使得佩雷爾曼面對的情況更加複雜。此外，列寧格勒分所的新主任法捷耶夫（Ludvig Faddeev）出身聖彼得堡，一個具有貴族氣派、行事有些特異的俄羅斯家族（這位數學家的名字即以貝多芬〔Ludwig van Beethoven〕之名為名）。他從來沒有表示是否反對研究所內的反猶太政策。「當時我不確定法捷耶夫對這件事的看法。」查加勒回憶說。他所謂的「這件事」，指的就是提供數力系有史以來最有天賦和最勤奮的學生之一唸研究所的機會。「於是我去請教布萊格（Yuri Burago）。」先前查加勒在斯捷克洛夫數學研究所列寧格勒分所管理一間實驗室時，布萊格是他的學生。

查加勒和布萊格一起策畫了一個計畫。[2]在佩雷爾曼對斯捷克洛夫數學研究所提出申請以前，將會先有一個預防性的重砲出擊。由亞歷山大．達尼洛維奇．亞歷山德羅夫率先致函斯捷克洛夫數學研究所領導階層，要求允許佩雷爾曼進入列寧格勒分所，由他指導進行研究。這項請求給人一種違和感，因為寫信者是蘇聯科學院的全職人員，也是整個蘇聯幾何學界的核心人物，而他卻代表地位低的大四學生寫這封信，正是這種違和感確保這次出擊能夠成功。亞歷山德羅夫不是會賣人情或向人要人情的人，但他崇高的地位確保了這件事能有好的結果。

威爾納（Aleksei Verner）是亞歷山德羅夫的學生，曾跟他一起出書，他告訴我：「如果只是布萊格想收他作學生，他們不可能會接受他。」坐在威爾納旁邊一起跟我談這件事的里錫克同意地說：「但他們拒絕不了亞歷山德羅夫。」他補充說，亞歷山德羅夫曾親口告訴他，他在那封信上說：「這正是必須忽略民族議題的特殊情況。」〔3〕姑且不去看這段回憶背後的假設（特別是亞歷山德羅夫、里錫克或兩個人都認為，在一般情況下民族問題**應該**納入考量的想法），這個故事最令人印象深刻的地方在於，列寧格勒數學圈裡的每一個人似乎都參與了這件事。真的是每一個人，除了佩雷爾曼以外。

「我確定葛利沙會有入學的問題。」戈洛瓦諾夫回憶說：「他的文件上說他是猶太人；我的上面湊巧沒有。所以這個問題被升到最高等級，而且似乎是讓我無法想像的等級。這件事本身就相當滑稽，我的意思是，沒錯，葛利沙就是葛利沙，但他當時畢竟還只是有雄心壯志的大學生，卻有科學院的人奮力為他奔走。」

我問道，葛利沙有跟他們一起努力為自己爭取進研究所的許可嗎，還是他沒注意這件事？「不是只有努力爭取和沒有注意這兩種可能而已。」戈洛瓦諾夫滿意地露齒而笑，向後靠到椅背上，再度重複他一再在我們交談時說的話：「葛利沙非常聰明，我一直重複這一點。這一點跟他那被每一個人認可的數學天分無關。葛利沙是個非常聰明的人。我的意思是我無法想像他會沒注意到這個過程。但我得承認當時我們從沒談過這件事。」

換句話說，戈洛瓦諾夫和佩雷爾曼這兩個相識超過十年，一起接受絕大多數的數學教育，在研究所入學考試時相鄰而坐的人，刻意避談了這件大家都知道的事（他們倆有兩場考試相鄰而坐：一場是他們所選的數學，另一場是共產黨史）。戈洛瓦諾夫的動機很清楚：他是一個過度禮貌的人，對於他的朋友可能很敏感的情況已經意識到並感到痛苦（一九八七年，他也敏銳地意識到自己享有的不公平優勢，只因為他的文件上沒有標明他是猶太人）。佩雷爾曼的行為也跟他的個性完全相符。當時錯綜複雜、充滿歧視的研究所入學體制，跟佩雷爾曼心目中公平、完全憑靠實力的數學世界觀不可能契合。他有可能不僅不願意談，也無法談自己在數學上不確定的未來，以及那些為了拯救他的未來所做的種種算計。

事實上，佩雷爾曼對研究所入學問題所採取的做法，跟查加勒恰恰相反。年長的查加勒極度厭惡欠人恩情，自動離開腐化又讓人墮落的制度，完全把自己從名單上除去。同樣無法接受欠人恩情的佩雷爾曼，對於在他的研究所入學過程背後運作的一切裝作不知，彷彿把他從這整件事中刪除。如同佩雷爾曼的老師先前灌輸他的觀念，從大局上來看，佩雷爾曼當然是對的：蘇聯制度對待學者、特別是猶太學者的侮蔑做法，跟研究數學無關，也無法對數學家的心智造成影響。傳統上，在二十世紀下半葉，蘇聯數學家接受了數學界的二分法：那些希望按照應有的方式研究數學的人，會被逐放到非正式的數學圈，在那裡他們仍可以追求學識，但是沒有薪資；相較之下，那些屬於正式數學圈的人可以擁有辦公室和薪水，還有科學院分配的公寓，偶而甚至可以到國外旅行——但是他們必須忍受意識形態、歧視和腐敗。佩雷爾曼追求完整的心智無法接受這種二分法；他必須在應該研究數學的地方（亦即斯捷克洛夫數學研究所列寧格勒分所），按照應有的方式研究數學。為了他而好意介入這件事的數學家，以及體貼地不跟他談這件事的朋友，剛好讓他能做到這一點：繼續活在他想像中應有的世界。

一九八七年秋天，佩雷爾曼成為斯捷克洛夫數學研究所列寧格勒分所的研究生。亞歷山德羅夫正式列為他的博士論文指導教授，這使得佩雷爾曼成為最後一位有幸獲得他指導的學生——但事實上，他幾乎以布萊格的實驗室為家。那時沒有人知道，不過後來證明沒有比當時更適合一位數學家開始研究生涯的天時地利。

就在佩雷爾曼自列寧格勒國立大學畢業前一年，共產黨總書記戈巴契夫（Mikhail Gorbachev）宣布了一系列改革，將其稱之為「改造」（perestroika）。一九八六年底，身為諾貝爾和平獎得主及蘇聯人權運動領導者的物理學家沙卡洛夫（Andrei Sakharov）獲准自高爾基市（Gorky）返回莫斯科，先前他一直被軟禁在家中。到了一九八七年初，據說蘇聯所有政治犯都獲得釋放。一九八八年，也就是佩雷爾曼成為研究生後隔年，蘇聯的改革開放時代，也是蘇聯智識分子短暫的黃金時代開始發端，厚重的智識性期刊突然有了數百萬名讀者，而以俄羅斯的未來為主題的全國性公開會談也開始展開。在佩雷爾曼撰寫論文的一九八九年，整個國家的人民都熱中地盯著電視螢幕，觀看他們畢生首見的半民主選舉，然後是第一場公開的議會辯論。當時全國陷入興奮的熱潮，連對政治不屑一顧的佩雷爾曼也無法完全拒絕那時的風潮。

佩雷爾曼的運氣好得驚人，早了幾年開始職業生涯，因為一九九〇年代初的經濟改革造成研究機構經費拮据，還譴責俄羅斯學術界不是靠一個接一個的研究經費過著不安定的日子，就是在國外的短期教學工作與國內的研究職位之間往返，居無定所。根據戈洛瓦諾夫的估計，一九八〇年代末，他光靠研究生的津貼，「一個月的收入比生活所需最低薪資還高出十盧布」。同時，在蘇聯學術機構運作方式上最重要的改變已經展開：鐵幕開始拉上。蘇聯學者開始到國外旅行，外國研究者也能不受阻礙地造訪蘇聯，對外國學術期刊的審查已經解除（那時經濟危機還沒有使圖書館無法訂閱），而學者也可以透過原本就該能夠進行的書信和電話來交流。對於斯捷克洛夫數學研究所這類機構而言，這意味著改變和智識性的機會變得尋常可見。而這種情況對佩雷爾曼的意義在於，他能自然直接地成為國際數學精英的一員——而且他的世界觀不會受到挑戰。也正是如此，他才能碰到葛羅莫夫。

過了某個時間點後，在佩雷爾曼所做的每一件重要事情當中，幾乎都會出現葛羅莫夫的名字。我所訪談的每一個人在回顧佩雷爾曼唸完研究所以後的發展時，都會提到葛羅莫夫：他推薦佩雷爾曼去做這個或那個學術職位，帶他去參加某場會議，跟他合著論文。

查加勒稱葛羅莫夫為「列寧格勒大學所培育過最卓越的人物」。葛羅莫夫在一九六八年以二十五歲之齡進行博士論文答辯；他的指導教授是拓樸學家羅赫林[4]，先前曾蒙亞歷山德羅夫拯救，才免遭迫害。葛羅莫夫的母親是猶太人，他先前曾經希望在斯捷克洛夫數學研究所謀得研究職位，或甚至退而求其次到比較不如他意的列寧格勒國立大學擔任教授〔5〕，而在對這兩個職位不抱任何希望後，一九七〇年代末移民美國，任職於紐約大學庫朗學院（Courant Institute）。後來成為全世界頂尖的幾何學家後，他的時間就花在庫朗學院，以及位於巴黎市郊、聲望卓著的法國高等科學研究院（Institut des Hautes Études Scientifiques）。

我到巴黎的亨利龐加萊研究所（Institut Henri Poincaré）訪談葛羅莫夫，那裡是法國第六大學（皮耶與瑪麗居禮大學）（Université Pierre et Marie Curie）專供召開數學與理論物理學會議和研討會的地方。這所大學的網站，還有該研究所的自助餐廳內大型圓木桌上的薄板標示都寫著：「專供數學家與理論物理學家使用」（RESERVED FOR THE USE OF MATHEMATICIANS AND THEORETICAL PHYSICISTS）〔6〕。我抵達自助餐廳時，看到葛羅莫夫正跟美國拓樸學家克萊納（Bruce Kleiner）熱烈地討論著〔7〕，兩三個月前我才剛在紐約訪談過克萊納。我走近他們的桌子後，克萊納起身準備離開，但似乎因為討論得太過激動，沒跟我打招呼，反而轉身對葛羅莫夫說，一門任何事物都不必證明的科學，根本不能稱之為科學。葛羅莫夫回答說，一個替代系統仍可能是一致的。「你有沒有跟遊民說過話？」克萊納詰問，顯然被激怒了。「他們有一些很棒的想法。」我想他原本想說的是即使是瘋狂的人也能提供內部一致的系統，但克萊納生氣到說不出這個想法。葛羅莫夫也惱火起來，揮舞著手臂說：「不對，不對！」當時他本身看起來就很像遊民：衣服鬆垮垮地掛在瘦瘦的身軀上；繫著黑皮帶的牛仔褲上有污跡；有衣領扣的淺綠襯衫前胸處已經變薄，袖口已經磨破；灰白的鬍子和頭髮到處亂翹。

克萊納踩著重重的腳步離開，葛羅莫夫轉向我，顯然還很生氣。我問他離開蘇聯的原因時，他怒氣沖沖地回答：「為何不？」他以俄語反問，口音明顯受到離開祖國三十年的影響。「大家都離開，我也跟著離開。美國那邊給我工作，我就去美國，然後這裡給我工作，我就來了這裡。」當時我已經有足夠的資訊，知道他並沒有完全告訴我實話，但我也知道不能逼他：他顯然沒有心情談許久以前猶太人離開蘇聯的艱辛困境。

「我知道當初是您把佩雷爾曼帶到西方的。」我嘗試詢問。

「我是有參與，」葛羅莫夫回答，聽起來仍很惱怒：「但那是布萊格率先提出的想法。」

「很多人告訴我，當初說有偉大的新數學家出現的人是你。」

「布萊格告訴我的。我可能跟其他人提到過。」

「布萊格怎麼跟你說的？」

「他說他那裡有個優秀的年輕數學家。」

「必須把他帶來這裡？」

「對，必須安排他過來這裡。」

一九九〇年，佩雷爾曼在斯捷克洛夫數學研究所做完博士論文答辯後，葛羅莫夫馬上安排他到法國高等科學研究院待了幾個月。他在這裡開始研究亞歷山德羅夫空間（Alexandrov spaces），那是以亞歷山大・達尼洛維奇・亞歷山德羅夫之名所命名的拓樸現象。這位老先生在一九五〇年代放棄了這個題目，如今傳承他這一脈的三位數學家，包括布萊格、葛羅莫夫和佩雷爾曼，一起研究它。

一九九一年，葛羅莫夫協助佩雷爾曼參加每一年在美國東岸不同地點舉行的年度盛會，也就是幾何學慶典（Geometry Festival）[8]。那一年的會議在杜克大學（Duke University）舉行，佩雷爾曼發表了關於亞歷山德羅夫空間的演講，這場演講的內容在隔年成為他第一篇重要的發表作品[9]，合著者是葛羅莫夫和布萊格。葛羅莫夫向所有必要的人提到佩雷爾曼[10]，確保他能受邀到美國做博士後研究。

在訪談葛羅莫夫的過程中，我逐漸了解他的動機，或者該說他對佩雷爾曼計畫全心投入的程度。「當他進入幾何學時，」葛羅莫夫說：「他是當時實力最強的幾何學家。在他隱遁以前，他肯定是世上最棒的。」

「您的意思是？」

「他做的是最好的研究。」葛羅莫夫精準地回答。我立即想起先前一位數學家告訴我的一個笑話：一群搭乘熱氣球的人被風帶走了。飄了一段距離後，他們看到下方有一個人，就對他大喊：「我們在哪裡？」那個人剛好是數學家，他回答說：「你們在熱氣球裡。」

我們談了更多之後，我發覺葛羅莫夫認為佩雷爾曼事實上是世界上最好的**人**——不僅是最好的幾何學家，而且是數學界最好的人。葛羅莫夫把佩雷爾曼跟牛頓相比，然後立即修正說：「牛頓是相當壞的人，佩雷爾曼好得多。他有一些缺點，但非常少。」葛羅莫夫解釋說，佩雷爾曼的缺點有時會導致他攻擊朋友，但是跟他天生無比的善良相比，這些衝突不算什麼。「他堅守自己的道德原則，而這令大家驚訝。他們經常說他行為怪異，這是因為他的行為誠實，不順應傳統規範，這樣的行為在這個圈子裡不受歡迎——儘管這原本才應該是這個圈子的規範。他獨有的主要特色就在於他的行為正正當當。他遵循科學默認的理想。」

換句話說，佩雷爾曼是數學家（以及人）該有的模範。那天稍後，我跟一位法國數學家暨科學史家[11]在巴黎附近散步，他對法國數學界的狀態、科學的商業化，以及葛羅莫夫這類人士沒有原則的參與方式感到悲嘆，他宣稱葛羅莫夫在法國高等科學研究院印製索然無味的籌資簡冊時，袖手旁觀。我知道葛羅莫夫可能希望自己可以像佩雷爾曼一樣堅持原則，能像他一樣堅決地不被數學制度所同化，而且能像他一樣由衷地藐視空洞的褒揚。這顯然是葛羅莫夫把佩雷爾曼當作一種崇高的目標——也是他拒絕為協助佩雷爾曼而居功的原因。

佩雷爾曼的守護天使持續增加：魯克辛引導他進入競賽數學領域，里錫克細心照顧他度過高中生活，查加勒在他唸大學時培養他的解題技巧，並把他交給亞歷山德羅夫和布萊格，以確保他能在不受干擾、沒有阻礙的情況下研究數學。布萊格把他交給葛羅莫夫，由他引領佩雷爾曼走向世界。

註釋

1 *Khronika tekushikh sobytiy* 51, December 1, 1978, http://www.memo.ru/history/DISS/chr/XTC51-60.htm, accessed July 31, 2008；摘自 G. A. Freiman, *It Seems I Am a Jew: A Samizdat Essay*, trans. and ed. Melvyn B. Nathanson (Carbondale, IL: Southern Illinois University Press, 1980), 87。

2 查加勒，作者訪談，雷霍沃特，以色列，二〇〇八年三月十六日。

3 威爾納和里錫克，作者訪談，聖彼得堡，二〇〇八年二月二十七日。

4 數學譜系計畫（Mathematics Genealogy Project），http://www.genealogy.math.ndsu.nodak.edu/id.php?id=14999, accessed August 4, 2008。

5 Olga Orlova, "Pochemu ucheniye prodolzhayut uezzhat' iz Rossii"，訪談維席克，http://www.svobodanews.ru/Article/2007/11/22/20071122161321910.html, accessed August 4, 2008。

6 http://www.ihp.jussieu.fr/, accessed August 4, 2008.

7 葛羅莫夫，作者訪談，巴黎，二〇〇八年六月二十四日。

8 http://www.math.duke.edu/conferences/geomfest97/PreviousSpeakers.html, accessed August 4, 2008.

9 G. Perelman, Yu. Burago, M. Gromov, "Aleksandrov Spaces with Curvatures Bounded Below," *Russian Math Surveys* 47, no. 2 (1992): 1-58.

10 齊格（Jeff Cheeger），紐約大學教授，作者訪談，紐約市，二〇〇八年四月一日。

11 康托爾（Jean-Michel Kantor），巴黎大學朱西厄數學研究院（Institut Mathématiques à Jussieu）數學家。

第七章 來回旅行

如果佩雷爾曼早出生十年或甚至五年，他的職業生涯可能會在他完成博士論文時戛然而止：猶太人就算不至於完全不可能在斯捷克洛夫數學研究所進行論文答辯，並取得研究職位，恐怕也很難做到；即使有像亞歷山德羅夫這樣具影響力的人介入，恐怕也無法保證一定成功。倘若佩雷爾曼晚出生十年或甚至五年，他可能永遠進不了研究所：屆時國內的反猶太主義不會再是問題，但他的家庭卻可能無力負擔他的學費，因為那時研究生津貼幾乎買不了三條黑裸麥麵包。但是佩雷爾曼出生的時機恰恰好，而他完成博士論文時又剛好享有地利：他剛好在一個崩解中的國家，人民在長達七十年的歲月中首次能到國外旅行。佩雷爾曼屬於俄羅斯數學家中最幸運的世代。他跟其他數百萬蘇聯公民一樣，在一九九〇年左右開始接觸國外的新生活。這個改變的時機來得實在巧妙，所以佩雷爾曼會相信世界是按原本應有的方式運行，或許情有可原。正當他需要擴大數學交流圈的時候，機會自動出現了。

在佩雷爾曼的新生活中，多了一些新人物。無論他們自己是否知道，也無論佩雷爾曼是否在乎，這些人後來都在佩雷爾曼的職業生涯發展中扮演重要角色（他們很可能並不知道，因為佩雷爾曼對待他們就跟對待大多數人一樣冷淡）。除了葛羅莫夫，這些人還包括齊格（Jeff Cheeger）、安德森（Michael Anderson）、田剛（Gang Tian）〔1〕、摩根（John Morgan）和克萊納。

齊格是重要的美國數學家，比佩雷爾曼早了一個世代。他任職於庫朗學院，在紐約大學校園一棟高樓建築裡有一間寬敞寥落的辦公室。就像佩雷爾曼認識的其他美國同事一樣，齊格似乎也發現佩雷爾曼既相投合又難以了解，偶而有點讓人生氣，所以他跟佩雷爾曼說話時總會保持謹慎，以免觸怒他。齊格回想起他第一次從葛羅莫夫口中聽到佩雷爾曼的情形：「他回來後提到遇見一位年輕的同事，給他留下極為深刻的印象。」一九九一年，齊格在杜克大學的幾何學慶典上見到佩雷爾曼。然後佩雷爾曼在一九九二年秋天到庫朗學院當博士後研究人員，研究主題仍是亞歷山德羅夫空間。

佩雷爾曼到美國時已經二十六歲，身材不再矮胖，反而顯得高大健康。他的鬍鬚不像長期以來那樣一叢叢地亂捲，而是濃密黝黑。他留長髮，不喜歡剪頭髮或指甲——有些人依稀記得聽到他說，修剪頭髮或指甲是不自然的行為，但沒有人敢保證這記憶是真的，佩雷爾曼很可能同樣覺得維持個人衛生與儀容上的習慣費力又不合理。「你知道，他以非常古怪著稱。」齊格舉例談到他的指甲、頭髮，每天穿相同的衣服（特別是棕色燈芯絨夾克），還有他會滔滔不絕地說一種特殊黑麵包的優點，那種麵包只有在布魯克林海灘（Brooklyn Beach）的一家俄羅斯商店才買得到，他得從曼哈頓走過去才行。

從日常生活的安排來看，佩雷爾曼在美國的博士後研究生活跟在俄羅斯唸研究所時大同小異。

他可以自行運用大多數的時間，但他顯然覺得不把大多數時間花在庫朗學院沒什麼道理。這個學院位於一棟混凝土磚高樓內，地點便利，外觀方正，沒有特色，就跟俄羅斯此前三十年所蓋的建築一樣。從樓內往外望去，可以看到華盛頓廣場公園（Washington Square Park），它跟聖彼得堡或佩雷爾曼在前幾個月剛待過的巴黎所看到的公園別無二致，同樣平坦，呈幾何圖形，建築風格拘泥形式。為了吃到習慣的口味，佩雷爾曼必須到布魯克林外圍去買麵包和發酵乳，他向來步行前往，以確保自己能享有獨處，同時還能像平常一樣鍛鍊身體。步行一會兒之後，他母親會到布魯克林那一頭等他；她後來也跟著他的步履前往美國，住在布萊頓海灘（Brighton Beach）的親戚家。庫朗學院的社交活動對佩雷爾曼來說並不繁重，而且例行舉辦的數學研討會上經常可以見到熟悉的面孔，因為葛羅莫夫、布萊格和其他聖彼得堡的數學家偶而會到那裡暫住。

佩雷爾曼在庫朗學院交了一個朋友。我不確定田剛是否知道自己是佩雷爾曼的朋友，但佩雷爾曼以前的老師、後來移居以色列的查加勒確定他是。「他在這裡交了一個朋友，一位年輕的中國數學家。」查加勒告訴我：「他們很合得來。」事實的確如此。我到普林斯頓高等研究院（Institute for Advanced Study at Princeton）拜訪田剛，那裡是世界上最聲譽卓著的數學研究機構之一，田剛的辦公室也位於冰冷的混凝土建築內。儘管他不像齊格那麼勉強地接受訪談，語氣聽起來仍很低沉而哀傷。他先前已經犯了跟媒體說話的錯誤，而且認為這就是葛利沙好幾年沒回他信的原因。田剛並不認為自己跟佩雷爾曼是朋友。「我們滿常談話的。」他承認，但那全都是因為數學：「除此以外，我們很少談其他的。他可能跟其他一些人交好，會多談其他事。他的確有談到麵包。不知道為什麼，他對麵包很在意。他在布魯克林靠近布魯克林橋的地方，找到一家賣好麵包的店。」我問是哪一種麵包。「我不太確定，」回剛回答：「因為我不是很喜歡麵包。我吃麵包，但不會很在意種類。」除了麵包之外，田剛和佩雷爾曼真的很合得來：他們倆都對數學以外的世界不怎麼感興趣，而又共享對數學的興趣。

佩雷爾曼開始跟田剛去參加普林斯頓高等研究院的講座，齊格也一同前往。有一次前往時，佩雷爾曼參加了講座後的排球比賽，讓齊格吃了一驚。「你看著他，心想這不像是他會有興趣或能做的事。」齊格回憶說：「但我記得有一次我在看球賽時，他說『唔，我想我可以打』。你知道，他打得還挺不錯。」我點點頭。我對這件事不是很驚訝，反倒令齊格覺得奇怪。我解釋說，這是因為佩雷爾曼以前在為國際數學奧林匹亞競賽受訓，還有在數學營的時候，必須參加無數排球比賽。然後，齊格的表情顯得有些惱怒。即使在這件小事情上，他也被佩雷爾曼習於對其能力和興趣保持低調的做法所誤導。當然，後來佩雷爾曼同樣沒有告訴任何人他在研究龐加萊猜想，突然就把他的解答貼在網路上，甚至沒宣布事實上那就是解答。一直到有人問他，他是否證明了龐加萊猜想，他才承認。如果齊格直接問他是否練過不少排球，佩雷爾曼很可能會回答是。他仍然堅信必須說出完整的事實——但只有在別人提問時才這麼做。他只是看不出主動提供資訊的功用，特別是關於他自己的資訊。我猜他說不定也樂於證明自己可以解決任何他選擇的問題——即使只是一場排球賽。

在紐約期間，佩雷爾曼還有一件讓齊格感到意外的事比較難解釋。一九九三年，齊格和葛羅莫夫去以色列參加一場會議，這場會議多少是為了慶祝以色列建國五十週年而舉辦的。佩雷爾曼去了，他母親也是，但這不是齊格驚訝的原因。他之所以震驚，是因為看到佩雷爾曼在機場用信用卡租車。我訪談過的人當中，只有齊格親眼見過佩雷爾曼開車（事實上，有些人宣稱他拒絕開車，因為它們「不自然」），但不難想像他可能是在紐約的第一學期就取得了駕照和信用卡。原因可能在於他曾短暫地考慮要永遠移民美國。

「你知道，一般人在跨越俄羅斯邊境時，無論是朝哪個方向，往往會有很強烈的反應。」戈洛瓦諾夫對我解釋說：「在葛利沙的例子裡，那是他唯一一次體驗到類似政治熱忱的經驗。他一到美國就開始寄信，並決定全家都得移民。」當時他全家只有剛從高中畢業的妹妹列娜仍留在聖彼得堡。他們的父親已經移民以色列，母親到紐約待在葛利沙身邊，所以基本上他是想說服妹妹到美國唸大學。後來列娜決定移居以色列，並在二〇〇四年取得魏茲曼科學院數學博士學位〔2〕。

就戈洛瓦諾夫記憶所及，佩雷爾曼並沒有試圖解釋自己對移民這件事的看法。按照戈洛瓦諾夫的說法，他是根據本身的認知，認為他在家中應扮演「知道什麼是正確之事」的角色，而直接做了「決定」。對他而言，向妹妹提出論證可能有失尊嚴，或者說，無論情況為何，都只是浪費時間。不過他倒是跟同事提過自己的論據，認為相較於俄羅斯數學家，西方數學家有重心過於狹隘的問題〔3〕，但他們籌畫研究的方式的確比較有效，成就也較多。這可能是古典唯我論，因為在一九九三年，佩雷爾曼做了博士後研究人員在這個人生階段應做的事（博士後研究人員不必受到先前學術義務的限制，而且創造力和智識能力都正值顛峰）：解決一個長久存在的重要問題，而且在數學家眼中，他的解題方式具有令人驚嘆的美感。

在佩雷爾曼抵達庫朗學院的二十年前，齊格已經和格羅莫爾（Detlef Gromoll）發表過一篇論文[4]，概述從特定數學物件的小區域推論這些物件性質的方法，他們稱這些小區域為這些物件的**靈魂**，因為如同想像的人類靈魂，想像數學物件的想像靈魂也具有構成該完整物件的所有性質。齊格和格羅莫爾證明了一部分他們原先想證明的目標，成為後來所謂的「靈魂定理」（Soul Theorem）；但他們只能猜測其餘部分，這成為後來所謂的「靈魂猜想」（Soul Conjecture）。在佩雷爾曼證明它為真以前，它一直是一個猜想（亦即尚未證明的數學假設）。佩雷爾曼這篇論文只有四頁長。[5]

「它看起來極難。」齊格告訴我：「至少有兩三個人以它為題，寫了非常冗長又專業的論文。但他們只證明了它的一部分。你可以說他發覺大家都沒有抓到重點。然後他用很短的方式證明了它。他使用的工具並非不重要，但都是七〇年代末就已經存在於公共領域。」

這種特殊的技巧就是佩雷爾曼在數學俱樂部的朋友所說的佩雷爾曼之「槌」：完全吸收問題，然後把它濃縮至精華，後來這些精華證明比任何人先前的假設都來得簡單。「部分原因在於這個問題沒有原先認為的那麼困難。」齊格繼續說：「你可以說另一部分原因是他那種個性的力量。我是說只要跟他談話，你就會很清楚自己是在跟一個特別敏銳和強大的心智對話。在特定方向非常有說服力的個性，非常相信自己的見解。你可以說那在某種程度上幾近固執，不是侵略性的，但幾乎可以說有一點傲慢。」

當然可以這麼說。有一次齊格試圖說服這位比他年輕的數學家擴大一篇論文，以便呈現更多構想時，遇到了佩雷爾曼這一面的性格。「他在這裡時寫了一篇很短的論文；它既有說服力又傲慢，令人印象非常深刻。我讀過之後，對它非常讚賞。但我覺得它有一點太簡潔，它呈現的見解還可以再清楚一點。所以我就這麼跟他說了，他說他會考慮。但我真的無法讓他改變。我不知道。妳有沒有看過電影《阿瑪迪斯》（*Amadeus*）？」齊格想起的情節是莫札特獻出寫好的歌劇後，皇帝提出說這件作品好極了，但還未臻完美：它的音符太多了。「只要減少一些就會完美了。」他說道。「陛下，您認為要減少哪幾個？」莫札特回答。到了一九九二年，佩雷爾曼顯然相當確定他是當代數學的莫札特。沒有任何人，即使是比他年長二十三歲的傑出數學家，也不能告訴他要做什麼或是該如何向世界展示他的構想。

一九九三年的春季班，佩雷爾曼去了紐約州立大學石溪校區，那裡有美國最優秀的數學研究所課程之一[6]。石溪距離紐約市只有六十五英里，那裡跟聖彼得堡及紐約的差異，和佩雷爾曼以前造訪過的地方差不多。它的建築方正，有停車場、低矮建築和大片原野等地景。它的鐵路車站是小小的兩房結構，鐵軌對面就是校區。外來者到這裡，肯定覺得這裡一片寂寥——而無論去什麼地方，佩雷爾曼一直都會是外來者。

幾何學家安德森[7]幫佩雷爾曼找到一間公寓；佩雷爾曼先前就認識安德森，他現在是紐約州立大學石溪分校數學研究所課程主任。佩雷爾曼的標準是「安靜又小」，他找到一間單房公寓，月租大約三百美元。他就睡在向安德森家借的墊子上。當時博士後研究生的年薪大約三萬五到四萬美元，平時靠麵包和優格度日的佩雷爾曼把大半薪水都存到銀行。他的母親住在布魯克林，但經常來訪。

佩雷爾曼仍然穿同一件棕色燈芯絨夾克。人們還是會注意他長長的頭髮和指甲。他的個人衛生可能變差了一點；他予人的印象仍是經常沐浴，但他睡的墊子發出的臭味太重，等他還回去時，安德森家必須把它扔了。然而，他異常長的指甲一直保持乾淨。

佩雷爾曼教一門亞歷山德羅夫幾何學的課。接下來的夏天，他前往蘇黎士，在國際數學家大會（International Congress of Mathematicians, ICM）做了一場關於亞歷山德羅夫空間的演講〔8〕。那是一個絕佳的機會；該會每四年才召開一次，那一年只有五十五位世界頂尖的數學家受邀演講〔9〕，他們的年紀大多比佩雷爾曼大得多，其中包括四位當時及未來獲頒費爾茲獎的數學家〔10〕。由於證明了靈魂猜想，佩雷爾曼成為無可置疑的年輕新星。在蘇黎士，佩雷爾曼談的主要是他跟葛羅莫夫和布萊格合寫的論文。他在那項大會上的第一場演講可能吸引了想見見這位二十八歲新秀的人，如果葛羅莫夫的話可信的話，佩雷爾曼是當時在他的研究領域最優秀的數學家。但他顯然在演講時表現出他最糟的公開演講習慣。他先在黑板上畫圖，然後講話時開始來回踱步。他的演講聽起來模糊、不連貫〔11〕，主要是難以了解。

如果佩雷爾曼的習慣的確是描述他跟數學問題之間的個人關係，而不是問題本身，或許就可以解釋為什麼他在蘇黎士的演講是一場災難。其實他先前已經針對這篇論文做過演講，分別是一九九一年在杜克大學的幾何學慶典，以及慶典後旋即在美國兩所大學所做的講座。當時他的演講一直很清楚，那年在杜克和賓州大學聽過他演講的克萊納回憶說，顯然「他的數學非常、非常好」〔12〕。但是到了一九九四年，他跟亞歷山德羅夫空間的關係已經日益複雜。

在石溪校區待了一學期後，佩雷爾曼在一九九三年秋天搬到西岸，因為他拿到兩年的米勒研究獎助金（Miller Fellowship）——這是加州大學柏克萊分校令人稱羨的職位，它提供高額基金讓研究者從事一門基礎科學的研究，沒有任何教學義務。事實上，這個獎助金的條件明確陳述得獎人「得以比校園裡其他博士後研究人員更獨立」[13]，而且可以隨他們的意願盡量不參與就任系所的活動。這裡的環境跟佩雷爾曼早期的數學老師培養他的環境一樣，也是他跟俄羅斯同事談話時稱揚過的環境——但是它卻失敗了。或是有什麼地方失敗了。佩雷爾曼一直努力研究亞歷山德羅夫空間，而他卡住了。

「這很正常。」葛羅莫夫告訴我：「在你嘗試的每件事當中，大多數不會成功。生活就是這樣。」葛羅莫夫講的可能是數學或一般的生活，但無論哪一種，他都是從經驗體會得知，然而佩雷爾曼即使到了快三十歲仍然沒有類似的經驗。這看似不可能，除了十四歲那年在全蘇聯數學奧林匹亞競賽僅得到第二名之外，他從沒有在自己設定要完成的目標上失敗過，或是從來不會沒獲得他應獲得的，或是從不會沒有解決他想解的數學題。此外，縱使他做了無數練習，背後經歷過焦慮與好奇，在觀察者眼中，佩雷爾曼輕鬆完成了這一切。此時，提出靈魂猜想的證明及參與過那場國際大會後，緊盯著他的數學家比以往都多——而他正面對不熟悉的失敗經驗。

一九九三到一九九四學年，克萊納也在柏克萊，他回憶說他和佩雷爾曼「在那一年有過幾次數學對話」。佩雷爾曼偶而會進入與亞歷山德羅夫空間接近的領域。他談到幾何化猜想（Geometrization Conjecture），一個長期未解且包含龐加萊猜想在內的問題；也就是說，如果有人證明了幾何化猜想，龐加萊猜想也會隨之獲得證明。克萊納說佩雷爾曼談到把亞歷山德羅夫空間運用到幾何化猜想的可能性，還有他那時「沒有明顯的方法或計畫」。佩雷爾曼也考慮瑞奇流（Ricci flow），那是另一位數學家為了證明龐加萊猜想而發明的方法——但那位數學家本身也在多年前卡住。佩雷爾曼大膽猜想瑞奇流是否可能有效應用於亞歷山德羅夫空間。當時有沒有跡象顯示佩雷爾曼已經實際在解龐加萊猜想和幾何化猜想？沒有——但是克萊納回憶說：「他不太會公開說他究竟在研究什麼或在想什麼。他閉口不談的情形不會比許多處於類似情況的人嚴重。公開與人分享自己的構想不見得是好主意，因為除非你真的認識並相信對方，否則他們有可能自己開始研究它，或者他們有可能把資訊告訴第三方，而第三方可能開始研究。最後你會發現有人用你的構想跟你競爭，那不會是很愉快的情況。」克萊納自己的研究領域跟佩雷爾曼的領域相當接近，因此對他而言，佩雷爾曼不願多談是很合理的。

但是佩雷爾曼不願多談，或許還有一個原因，他在一九九五年跟齊格交談時曾經提到那個原因。齊格記得有一次佩雷爾曼在紐約市短暫停留時，曾到他的辦公室找他，他們討論了一些與亞歷山德羅夫空間有關的問題，但不是佩雷爾曼過去研究過的特定面向。然而，這次佩雷爾曼非常感興趣，甚至稱這些問題之一為這個主題的「聖杯」。「我問他：『你不是說你對這沒興趣嗎？』」齊格回憶說：「然後他說：『唔，一個問題是否有趣取決於是否有解決它的機會。』」儘管這項陳述聽起來有些自大，但佩雷爾曼可能在說關於他自己的一個重要情感事實：他唯有在能充分掌握一個問題時才會積極研究那個問題——而如果他充分掌握了一個問題，理解了每個微小複雜的技術本質，那麼他就一定能解決它。佩雷爾曼與亞歷山德羅夫空間之間的問題在於，他遇到無法洞察的技術困難，所以他在情感上不再投入。因此，他在國際大會上的演講才會模糊不清、漫無邊際。

佩雷爾曼的米勒獎助金在一九九五年春天終止。他論述靈魂猜想的論文已經在前一年出版，而他也在國際數學家大會上發表過演講，難怪他在柏克萊的職位後並沒有努力尋找學術職位，仍收到好幾所頂尖機構的工作邀約。他把它們全回絕了，而且他拒絕的方式，更具體地說，是他拒絕普林斯頓大學的方式，已經成為美國和俄羅斯數學界的傳說。我在訪談當事人之一並詢問事情經過以前，就聽過大西洋兩岸的說法，而他的解釋跟我先前聽到的略微不同。

薩納克（Peter Sarnak）[14]是普林斯頓的教授，一九九六年成為數學系系主任。他第一次聽到佩雷爾曼的名字是從葛羅莫夫口中，他在一封電子郵件裡回憶說，葛羅莫夫曾說佩雷爾曼「異常優秀」[15]。一九九四年到一九九五年的冬天，佩雷爾曼到普林斯頓演講，談他對靈魂猜想的證明。只有少數人到場聆聽，但數學系的大人物全都到場：著名教授麥瑟（John Mather）、當時的數學系系主任柯臣（Simon Kochen）和薩納克都出席了。佩雷爾曼做了一場傑出的講座：清晰、精確、迷人——或許因為他與靈魂猜想的私人關係短暫且令人滿意，而且已經圓滿解決。「講座結束後，我們三人過去找佩雷爾曼，說我們想安排他到普林斯頓擔任助理教授。」薩納克回憶說。根據傳說（儘管薩納克並不記得），這時候佩雷爾曼問他們為什麼想要他到普林斯頓，因為沒有人對他的研究領域感興趣——幾乎空無一人的演講廳或許使這種印象變得更加鮮明，而薩納克承認這準確地反映出他們的現況，「這正是我們熱切想改變的。」薩納克記得佩雷爾曼表達得很清楚，「他希望取得終身職位，但我們的回應是我們得研究一下，而且無論如何我們都需要他的一些資料，例如履歷。他對我們要求履歷感到驚訝，說『你們剛聽了我的演講，為什麼還需要其他資料？』。由於他對於終身職位預備制的職位不感興趣，我們就沒有進一步追蹤。歷史證明我們錯了，我們應該更積極聘任他。」

當時佩雷爾曼曾告訴少數幾個人，他只會接受終身職位〔16〕——對於年僅二十九、著作極少，且只有一學期教學經驗的數學家而言，這是很大膽厚顏的要求。但佩雷爾曼自身的邏輯是無懈可擊的。他沒有在找工作，所以工作邀約是直接來自機構（或者該說這些機構的人），而根據齊格的說法，這些人「知道他有多棒」。換句話說，他們知道佩雷爾曼和葛羅莫夫都知道的事：他是世上最優秀的。既然如此，他們為什麼要他走必須努力升等才能成為正教授的傳統路徑？既然這是他應得的工作，為什麼還要在提供這份工作給他之前，要求他提供履歷？佩雷爾曼大概沒有想過，這些出自善意的對談者對於他在數學階層上的位置，跟他自己的設想不太一樣，而且也不了解無論在任何大學的數學系，他都具有成為新星的實力。或者他堅持拿到終身職位的做法可能只是為了設定高標準，以便斷絕任何人想讓他留在美國的討論。事實上，當時他妹妹就讀的特拉維夫大學給了他一份正教授的職位，齊格回憶說，佩雷爾曼「最後拒絕了他們，或是完全沒有回應」。如果聽到這些話，薩納克可能覺得比較安慰，因為即使普林斯頓更積極一點，可能也無法成功吸引佩雷爾曼。

佩雷爾曼準備回俄羅斯時，告訴他的美國同事，他在家鄉可以工作得更好——這跟三年前他在俄羅斯時跟家人說的話恰恰相反，但十之八九是出於同樣的唯我論。先前當他可以輕易有所突破時，美國環境似乎對他有利；現在他困住了，回俄羅斯讓他有恢復活力、以煥然一新的能力進行研究的希望。當時他在研究的題目，沒有人知道。一九九五年回聖彼得堡的路上，他在經過紐約時曾去問齊格問題，那些問題似乎顯示他正在把針對亞歷山德羅夫空間的研究擴大——後來回想起來，某種程度上那可能意味著他逐漸朝著手解決龐加萊猜想邁進。

回到聖彼得堡後，佩雷爾曼和母親定居庫培奇諾，並且回斯捷克洛夫數學研究所的布萊格的實驗室任職。他不必教課，也沒有任何教課方面的職責。到了一九九〇年代中葉，俄羅斯科學院已經年久失修，組織混亂不堪。研究人員不再需要定期繳交研究報告，或做任何有關時間分配的解釋；研究院逐漸充斥麻木的靈魂——總之，就是長期待在海外的人。蘇聯時期一直有進行建築維修的建築物，在無人維修約五年後已經開始崩落。斯捷克洛夫數學研究所在聖彼得堡的建築物原本低矮可愛，位於市中心的楓丹卡河（Fontanka River），現在逐漸變得寒冷，還有風從罅縫吹入。研究人員的薪水跟不上通貨膨脹的速度，少得可笑；許多人甚至懶得去研究所領取少得可憐的現金薪水。他們到其他地方尋求收入來源，大多是西方，其中許多人長期留在海外，其他人則建立複雜的排課方式，一學期上課，一學期不上課。但這些都沒有對佩雷爾曼造成困擾。在研究所裡，有暖氣和電，也有電話——至少大多數日子有。在家裡，則由母親滿足他苦行者般的生活。地鐵仍從市中心通往庫培奇諾。佩雷爾曼在美國時存了數萬美元；一九九五年時，一個兩口之家在聖彼得堡每個月不到一百美元就可以生活得很好。看來佩雷爾曼除了數學以外，一切無虞。現在他不必再因考試、競賽、論文和教學而分心，可以過他從小在栽培下所要過的日子：純粹數學家的生活。

以前他對讓他分心的事物所保有的耐心，現在已經完全消失。一九九六年，歐洲數學學會（European Mathematical Society）在布達佩斯舉行第二屆四年一度的大會〔17〕，頒獎給三十二歲以下的數學家。葛羅莫夫、布萊格和聖彼得堡數學學會主席維席克（Anatoly Vershik），以佩雷爾曼在亞歷山德羅夫空間上的研究替他報名。「我向來會確保我們的年輕數學家看起來很不錯。」維席克對我解釋說：「他們決定把獎頒給他，我不記得當時是我還是別人通知他的，他得知後說他不想要那個獎，也不會接受它。他還說如果宣布他是得獎人，他會製造醜聞。我很驚訝，也很生氣。事實上，他早已知道自己被提名，卻什麼都沒說。後來我只好緊急聯絡獎項審查委員會的主席，他是我的舊識，確保他們不會宣布這個獎。」〔18〕

在這件事發生十二年後，說話溫和、留著鬍子的維席克已經七十出頭，似乎仍覺得自己遭佩雷爾曼的行為背叛。他告訴我，他寧願不去了解佩雷爾曼拒絕領獎的原因。如果佩雷爾曼是根據他的原則而拒絕領獎，維席克以前絕對沒聽過：一九九〇年代初，數學學會曾頒予佩雷爾曼一個獎項，他接受了；他甚至在頒獎場合演講。後來佩雷爾曼顯然曾告訴別人，歐洲數學學會沒有任何人有資格評判他的研究，但維席克不記得當時聽過這類的話——此外，葛羅莫夫和布萊格都是委員會成員，這種說辭似乎很奇怪。「當時他的確對我說了一件事，事實上還很有說服力。他說這項研究還沒完成。但我說有審閱委員，而評審委員會決定他應該獲獎。」然而，有人比佩雷爾曼更適合評判他的論文是否應獲獎的想法，只會激怒他。

葛羅莫夫的看法與維席克不同，他認為佩雷爾曼的行為完全可以接受，即使他是先前提名佩雷爾曼的三位數學家之一。「他相信他才是決定何時應獲獎、何時不應獲獎的人。」葛羅莫夫言簡意賅地說：「所以他決定自己還沒完成研究計畫，他們可以乾脆把那個獎扔到一邊。當然，他也想展現力量。」或至少表現出他不想被打擾的意願。

佩雷爾曼仍接受邀請，參與數學界的活動，特別是與兒童有關的活動。顯然這倒不是因為他喜愛兒童，而是因為他尊重自己從小所接受的數學俱樂部及競賽的傳統。但是佩雷爾曼愈來愈不想回答跟他的研究計畫有關的任何問題。他的美國同事很快就發現他沒有回電子郵件。一九九六年，克萊納到聖彼得堡參加與亞歷山德羅夫空間有關的會議，佩雷爾曼也參加了。即使兩三年前他們倆曾經在柏克萊有過幾次數學方面的談話，這次他根本無法接近佩雷爾曼，無法問跟他目前的研究有關的問題。克萊納的朋友、名叫李柏（Bernhard Leeb）的德國數學家，早先曾在國際數學奧林匹亞競賽見過佩雷爾曼，倒是設法問了一個問題，卻沒有得到回答。這件事過了十二年後，克萊納回想起當時佩雷爾曼曾對他說：「我不想告訴你。」李柏獲得的回答即使在實質上仍然一樣，至少語調不同。「我的確有問他當時在研究什麼。」他寫信告訴我：「他告訴我，他在研究幾何學的題目，但他不想具體說明。我覺得這種態度非常合理。如果有人在研究像龐加萊猜想這樣的大問題，肯定會在深思熟慮下不願意談它。」[19]

沒有人知道當時佩雷爾曼心裡在想什麼。連葛羅莫夫也沒有他的音信，以為他仍受困於亞歷山德羅夫空間的問題——換句話說，以為他跟無數天才數學家一樣，在發表了卓越的早期研究工作後，消失在某個難題的黑洞裡。

二〇〇〇年二月，紐約州立大學石溪分校的安德森突然接到佩雷爾曼的電子郵件。信的起頭是：「親愛的麥克，我剛讀了你那篇探討廣義李希納羅維茲定理（generalised Lichnerowicz thm）的論文，裡面有一點令我困擾。」佩雷爾曼接著以一句冗長但結構完美的句子描述他的疑問，最後才說了一句：「我是不是錯過了什麼？謹啟，葛利沙。」[20]這封信裡沒有一般人會期待在這類信件中看到的客套話，像是「希望你收信平安」或「好久不見」，卻十分有禮，而佩雷爾曼停用超過五年的英語依然無懈可擊。

安德森在次日回信，以數學界的標準來說，那封信可說是熱情洋溢：

親愛的葛利沙：

我很驚訝再度聽到你的消息，這可是一大驚喜。我時常問從聖彼得堡來的人，看他們知不知道你的情況或你最近在想什麼。

我剛從一趟短途旅行回來，所以還沒仔細思考你對我那篇停滯不前的論文所提的看法。但我看出你的重點，而且同意我犯了一個錯。我認為這兩個錯誤不會影響結果，這些證明也只需要小修正。我會在接下來的兩三天想清楚，再向你報告。

我也想知道你的近況，以及你最近關心的數學或其他議題。

麥克　謹上[21]

三天後，安德森寄了一封更詳細的電子郵件給佩雷爾曼，概述要如何修正佩雷爾曼找到的錯誤，並且再度加了一句跟個人及專業興趣有關的話：「非常感謝你看出這些錯誤。你是不是對這些領域愈來愈感興趣？」安德森也抱怨研究他這個領域（也就是幾何化）的人太少，所以沒有人可以仔細檢視他的構想。他問佩雷爾曼是否看過他針對相關主題所寫的另外兩篇論文。[22]

佩雷爾曼在次日回信，謝謝安德森立即的回應，但忽略了安德森提的每一個問題。他只寫說安德森的論文引起他的注意，因為它跟佩雷爾曼目前的興趣「略有相關」——他還特別提及，這也是因為它很短。他沒有提議繼續討論，也沒有答應讀安德森的另外兩篇論文——他寫道，他有那兩篇文章，不過還沒有讀。事實上，他後來很可能還是讀了，但在找到更多錯誤後，覺得沒有理由再度寫信給安德森。

安德森仍然想繼續跟佩雷爾曼對談。他把一個檔案夾寄過去，將他對自己的論文更仔細的修正方式附在裡面。佩雷爾曼的回應是沒有人幫忙的話，他打不開檔案（他宣稱：「我完全不懂電腦。」[23]），並且解釋他到雷霍沃特去看唸研究所的妹妹時，她已經幫忙把安德森的論文原稿印出來。他接著寫道，把檔案寄到斯捷克洛夫的電腦去打開，可能讓其他人看到，所以最後他寧可等安德森出版這篇論文。換句話說，他已經從跟這位同事的交流中獲得他所需的一切。

這封信在其他方面也令人好奇。離開美國後的五年中，佩雷爾曼似乎不知不覺地離實際生活愈來愈遠，連數學也不例外：他似乎不會用辦公室的電腦登入他以前用來跟安德森通信、紐約州立大學的電子郵件帳號，也不知道如何把檔案轉寄到無人能進入的網路地址。同時，他又用自己的電腦專業知識不足來結束對話，繼續這些對話顯然已經不再有用。畢竟，在真的需要安德森的預印本時，他馬上就想到可以找他妹妹幫忙。佩雷爾曼這麼漫不經心地說出他的生活和他妹妹的生活細節，同樣很令人驚訝。他從來沒有想過要刻意隱瞞家庭生活，或者拒絕討論自己或親人；他只是覺得它們跟他認為值得做的對話，幾乎無關。

一直到兩年半後，安德森才再度收到佩雷爾曼的音信。

註釋

1 田剛，作者訪談，普林斯頓，紐澤西州，二〇〇七年十一月九日。

2 http://www.weizmann.ac.il/acadaff/Scientific_Activities/2004/feinberg_degrees.html, accessed August 9, 2008.

3 米納斯基（Andrei Minarsky），作者訪談，聖彼得堡，二〇〇八年十月二十三日。

4 Jeff Cheeger and Detlef Gromoll, "On the Structure of Complete Manifolds of Nonnegative Curvature," *Annals of Mathematics* 96 (1972): 413-43.

5 Grigory Perelman, "Proof of the Soul Conjecture of Cheeger and Gromoll," *Journal of Differential Geometry* 40 (1994): 209-12.

6 *U.S. News & World Report* rankings, http://grad-schools.usnews.rankingsandreviews.com/grad/mat/items/45094, accessed August 14,

2008.

7 學校網頁http://www.math.sunysb.edu/~anderson/, accessed August 14, 2008；安德森，作者訪談，石溪，紐約，二〇〇七年十一月八日。

8 G. Perelman, “Spaces with Curvature Bounded Below,” http://www.ams.org/mathweb/icm94/04.perelman.html, accessed August 9, 2008.

9 演講人名單參見 http://www.ams.org/mathweb/icm94/, accessed August 14, 2008。

10 博切茲（Richard Borcherds, 1998），伏爾廷斯（Gerd Faltings, 1986），孔采維奇（Maxim Kontsevich, 1998），約科（Jean-Christophe Yoccoz,1994）。

11 出自本書其他內容引用過的兩位數學家，但他們都不希望在此列名。

12 克萊納，作者訪談，紐約市，二〇〇八年四月九日。

13 米勒研究獎助金的描述，http://millerinstitute.berkeley.edu/page.php?nav=11, accessed August 14. 2008。

14 薩納克的簡歷參見 http://www.math.ias.edu/media/SarnakCV.pdf, accessed August 15, 2008。

15 薩納克，寄給作者的電子郵件，二〇〇八年六月一日。

16 齊格，紐約大學教授，作者訪談，紐約市，二〇〇八年四月一日；薩納克電子郵件。

17 歐洲數學學會歷史參見http://www.btinternet.com/~d.a.r.wallace/EMSHISTORY99.html, accessed September 25, 2008。

18 維席克，作者訪談，聖彼得堡，二〇〇八年五月二十四日。

19 李柏，寄給作者的電子郵件，二〇〇八年七月七日。

20 佩雷爾曼，寄給安德森的電子郵件內容，二〇〇〇年二月二十八日。

21 安德森，寄給佩雷爾曼的電子郵件，二〇〇〇年二月二十九日。

22 安德森，寄給佩雷爾曼的電子郵件，二〇〇〇年三月二日。

23 佩雷爾曼，寄給安德森的電子郵件，二〇〇〇年三月二十日。

第八章 百年難題

「數學的可能性似乎是無法解決的矛盾」〔1〕，這是一個多世紀前龐加萊所寫的名言，在數學家的圈子中，他以最後的博學通儒著稱，因為他在數學的所有領域都表現傑出。如果研究對象僅存在於想像中，「那麼是從哪裡得出無人可挑戰的完美嚴謹？」而當形式邏輯的規則取代了實驗，「數學為什麼沒有化約成一個龐大的同義反復（tautology）？」最後，「那麼我們是否得承認……無數書冊中的種種定理是否只不過是間接地在說，A是A？」

龐加萊繼續解釋，數學是一門科學，因為它的推理是從特殊（the particular）到普遍（the general）。一位數學家以充分的嚴謹做思維實驗（mental experiment）時，可以推導出支配他與其他數學家共享的想像領域其他部分的規則。換句話說，他不僅能證明A是A，也能解釋A之所以為A的精髓，以及是否可能找到其他的A或這些A的建構方式。「我們知道戀愛或痛苦的感覺，不需要精確的定義就能溝通。」一位美國數學教授在著述許多學術書籍後，開始向一般民眾解釋拓樸學時寫道：「然而，數學物件存在於共同經驗之外。如果不小心定義這些物件，就無法有意義地處理它們，或跟其他人討論它們。」〔2〕這個說法或許對，也或許不對。事實上，我們大多數人在日常生活中對距離的長短、斜坡的緩陡，以及線、圓和球形的了解，是十分滿意的。我們會根據直覺認為，刺一個洞有時會改變一個物件的本質，但也並非總是如此——也就是說，被刺了一個洞的氣球跟完好的氣球完全不同，但是對我們來說，填滿果醬但中央沒有洞的甜甜圈，基本上跟中央有一個洞的甜甜圈類似，無論它有沒有填入果醬。這些事物最簡單的形式構成了我們共同的經驗。但是在數學家獨立的世界裡，不斷改變的認知和不精確的座標會破壞整個圖像，令人無法忍受。在數學家的世界，任一事物都與其他事物不像，除非已經證明它們相似；在精準定義之前，沒有任何事物是熟悉的；沒有任何事物（或者說幾乎沒有事物）是不證自明的。

在數學的發端，歐幾里得嘗試從不證自明的事物開始。他的著作《幾何原本》（*Elements*）始於二十三個定義、五個公設（postulate）、五個共同概念或稱公理（axiom）。他定義的對象從點（「沒有部分，或沒有大小」〔3〕），到平行直線（「位於同一平面，無論如何延伸都不相交」〔4〕）都有。然後他提出一系列的敘述（statement），例如「與同一物體相等的物體彼此相等」〔5〕。他定義的五個公設如下：

1. 「通過任意兩點可畫出一直線」（可解釋為任意兩點之間只能畫一條直線）。〔6〕
2. 「一直線可以產生任意長度的線段」（換句話說，線段可無限延伸為一直線）。
3. 「以任意點為圓心，自圓心起以任意長度為半徑可以作一圓」。〔7〕

4.「所有直角都相等」。

5.「若一直線與兩直線相交，且其所造成的同側內角和小於兩個直角，則此二直線在不斷延伸時，會在同側內角和小於兩個直角的那一側相交」。[8]

對真正的分類者而言，就連這五個敘述都太過理所當然。「以前我聽說歐幾里得證明了一些事，但失望地發現他是從公理開始。」羅素（Bertrand Russell）寫到他小時候第一次看到《幾何原本》的情形：「起初，我拒絕接受它們，除非我哥哥能給我接受它們的理由，但他說：『如果你不接受它們，我們無法繼續下去。』由於我想繼續，就不情願地承認它們。」[9]

做為起始點的前四個公設，對歐幾里得、跟他同時代的人，以及其後無數世代的數學家而言，的確是不證自明的。由於它們局限於我們不僅能想像，也能實際**看見**的空間，所以只要用直尺或圓規畫圖，或延伸一條細繩就可以憑經驗來檢視。當一個線段拉長或圓的半徑加大時，即使超過人眼所能看到的範圍，這個線段或圓的本質不會改變，這可以說是最接近不需要進一步證明就已經很明顯的事。但第五公設是依據想像所提出的主張；它說的是如果兩條直線未平行，最終必會相交。反言之，兩條平行線無論延伸多遠，永遠不會相交。第五公設還有一個詮釋是：對任一直線來說，從線外任一點只能畫出一條平行線。這並非明顯可見，也無法驗證。而且正由於它無法驗證，因此更需要證明。數世紀以來，許多數學家努力證明第五公設，都鎩羽而歸。

十八世紀，有兩位數學家試圖先假設第五公設不正確，再加以證明。這種做法的目的在於先以一個假設為基礎，等它變得顯然是荒謬時，就可以證明原先的前提並不正確。但這些例子無法證明其本身是錯誤的；這些做法形成內在一致的概念，它們在想像中看來相當合理，但與歐幾里得的第五公設相當不同。他們認為這種結果太荒謬，因而放棄。過了一世紀，俄羅斯的羅巴切夫斯基（Nikolai Lobachevski）、匈牙利的波里耶（János Bolyai）和德國的高斯（Johann Karl Friedrich Gauss）認為，可能還有其他非歐幾何存在，在其中歐幾里得的前四個公設成立，但第五個公設不成立。但是，什麼叫做它們**可能**存在？它們究竟存不存在？只要數學家找不到漏洞或內在矛盾，它們就存在。我們看得到線段或圓，那麼我們是否也看得到這些非歐幾何？沒錯，就跟我們能看到嚴謹的歐氏幾何一樣。那麼我們如何得知哪個是對的？偉大的美國數學家庫朗（Richard Courant）（紐約大學庫朗數學學院就是以他之名來命名），以及跟他一起著書、時為羅格斯大學（Rutgers University）教授的羅賓斯（Herbert Robbins）寫道，以我們的目的而言，這一點也沒有關係，我們或許會乾脆選擇歐幾里得：「由於歐幾里得系統處理起來相當簡單，只要是在短距範圍內（數百萬英里！），我們就能正當地使用它。但是我們不能因此就預期它適用於描述整個宇宙。」[10]

但是用來描述宇宙的一小部分呢？例如地球或蘋果。為以後參考方便，請記住：地球和蘋果基本上是相同的。我們可以先想想地球（或蘋果）的表面，加以研究。假設我們拿一顆蘋果，在上面畫一個三角形。如果把歐氏幾何用在蘋果的表面，這個三角形的三個內角和等於180度。但由於蘋果的表面是彎曲的，所以此三角形的三個內角和大於180度。這意味著對此表面而言，第五公設並不成立。事實上，我們可以輕易看出在此表面上，任意兩直線必會相交，所謂直線是連接兩點的最短線段向外的延伸。蘋果（或地球）表面的所有直線都是「大圓」（great circle），圓心都在球體中心。

後來十九世紀的德國數學家黎曼（Bernhard Riemann）發展出彎曲空間的幾何學，在彎曲空間裡，直線稱為測地線（geodesic），任兩條測地線必會相交。這種幾何學稱為橢圓幾何（elliptic geometry）[11]或黎曼幾何（Riemannian geometry），也是愛因斯坦的廣義相對論採用的幾何。

歐幾里得的世界受限於他周遭的環境，從各個方面看來都是平的。我們的世界是彎曲的。人類現在的旅行距離已經夠長，足以在日常生活中體驗地球的曲率。雖然並非所有人都經常做這麼遠的旅行，但是在想像世界，亦即數學所在的世界，兩點之間最短的距離是飛機飛行的軌道，一般是沿著一條測地線行進，即使我們以前沒聽過這個字。這些直線並非永無止境，由於它們其實是圓，所以顯然會閉合。此外，這些直線當然也會兩兩相交。在十八世紀看似荒謬之事，現在卻準確反映出我們對這個世界的體驗。

換句話說，我們的世界已經變大。但這引起兩個問題：它能再大多少？什麼叫做**更大**？在這裡，且容我正式介紹一下一七三六年在聖彼得堡誕生的拓樸學，當時在聖彼得堡任教的瑞士數學家尤拉（Leonhard Euler）[12]，使幾何學擺脫了測量距離的負擔。他發表了一篇論文，探討哥尼斯堡七橋問題（Königsberg bridge problem）的解法，這個問題的由來是哥尼斯堡的市長要求尤拉找出一條散步路線，讓人能走經哥尼斯堡的七座橋，且每座橋只能經過一次。尤拉最後的結論是，這種走法不可能存在。他還證明，第一，在任一有橋的城市，如果要設計這樣的散步路線，其充分且必要的條件是有奇數座橋梁通往城裡的兩個區域或不通往任一區域；第二，若有奇數座橋梁通往一個區域或通往超過兩個區域，則不可能設計出這種路線。尤拉在解決以位置而非距離為要的問題時，還做到第三件事，就是預示一個數學新領域的來臨，他稱之為「位置幾何學」（geometry of position）。

在這門新學科中，我們平時熟悉的所謂大小（或距離）不再重要。走一條路線的步數無關緊要；重要的是這些步驟的走法。在這個新領域，物件的大小取決於定位所需的資訊量；精確地說，亦即描述一物件所需的座標數。單一一點是零維，線段是一維，物件（例如三角形、正方形或球形）的表面是二維。沒錯：以拓樸學而言，無論在我們想像中是平坦或立體的物件，其表面都是相同的。這是因為當拓樸學家談到球的表面，例如蘋果表面時，他們指的**只有**表面，不包含蘋果的立體內在空間。我們也可以說，拓樸學家就像在蘋果上爬的小蟲，或像在地球上行走的歐幾里得：小蟲和歐幾里得都沒有理由要懷疑，他所描述的三角形會有大於180度的內角和，或自己所走的直線不會延伸到無窮遠，而是最終會自行連通並形成一個大圓。表面的彎曲本質則為第三維的函數，這是小蟲和歐幾里得都沒有體驗過的。

我們現代的人類生存在三維世界，憑第一手經驗知道地球是球形，因此表面是彎曲的。但其實這世界還有第四個維度（我們也知道這一點），亦即時間。我們無法在時間裡來回移動，所以無法像觀察小動物的二維空間那樣，只要上升到空中，即可觀察我們自己所處的三維空間。我們只能探索周遭的空間，猜測在我們想得到的有利地點觀察時會是什麼情況，但我們本身並無法真正地體驗或想像這種情況。這是龐加萊猜想的本質：這位最後的博學通儒猜想宇宙是球形——一個三維球。

為了幫忙我撰寫本書而教我拓樸學的年輕數學家，每次看到描述宇宙形狀的龐加萊猜想這種說法時，總會感到厭惡（他看著我像許多緊繃的橡皮圈一樣，痛苦地努力理解拓樸學的基本觀念）。更準確的說法應該是，龐加萊猜想的證明對於科學界在了解宇宙的形狀和性質上，助益可能很大，但這並不是佩雷爾曼處理的問題：他要解決的是一個陳述簡單、已經過大量討論的數學問題，而且這個問題存在超過一世紀，一直無法解決。他就跟我那位年輕的數學老師及我在這個過程中遇到的許多數學家一樣，全然不在乎宇宙的實際形狀或居住在這個宇宙中的人有何體驗；數學早已賦予他跟其他抽象物件在他自己的想像中共存的自由，而這個問題正是必須在這個想像世界中加以解決。

一九〇四年，龐加萊發表了一篇探討三維流形（three-dimensional manifold）的論文。什麼是流形？它是存在於數學家的想像世界中、可分為許多鄰域（neighborhood）的物件或空間（無論在現實中是否真能觀察到類似的物件或空間）。每個鄰域單獨來看，都有基本的歐氏幾何，或能用歐氏幾何來解釋，但若把所有鄰域相加，結果可能複雜得多。流形的最佳實例是以一連串的地圖所描繪的地球，每張地圖只顯示出地球表面的一小部分。以曼哈頓的地圖為例：它所具有的歐氏性質顯而易見。將地圖併到地圖集裡時，其平行線仍不會相交，而其三角形仍具有內角和180度的性質。但若用這些地圖來仿製地球的實際表面，會拼出有許許多多平面的球體，跟迪斯可舞會所用的閃光舞池球類似，然後我們可以把稜緣磨得平滑，最終得到跟地球同樣有彎曲表面的球——這時如果把曼哈頓的第一大道和第二大道加以延伸，它們最後一定會相交。這些觀念，包括**地圖**、**地圖集**和**流形**，都是拓樸學的基本觀念。

流形之間的差異在於其是否有洞，或有超過一個以上的洞。對拓樸學家而言，球、箱子、圓麵包和塊狀物體的本質相同，但貝果不同。關鍵在於橡皮圈，若要進行拓樸學的想像，橡皮圈是跟地圖集一樣重要的工具。你可以把這條想像的橡皮圈套在想像物件上，讓它能夠收縮。如果把一條很緊的橡皮圈綁在球上，它會自然收縮，然後自球上滑落。重點在於，無論橡皮圈套在球的什麼地方，都一定會發生這種情況。然而，在貝果上不同：如果把想像的橡皮圈一端穿過貝果中央的洞，然後跟另一端綁在一起，這條橡皮圈會永遠綁在貝果上，無論橡皮圈收縮得多緊都不會掉落。橡皮圈套在沒有洞的球、箱子、圓麵包或塊狀物體上有可能滑落，這項性質使所有這些物件基本上都相似；以拓樸學的詞彙來說，它們彼此是微分同胚（diffeomorphic），意指可以把其中任何一個形狀改變成另外一個，再恢復原狀。

這讓我們多少能了解龐加萊猜想。大約一百多年前，龐加萊提出一個看似單純的問題：如果一個三維流形是平滑且為單連通的，則它與三維球是否是微分同胚？**平滑**意指流形沒有曲折（你可以想像用紙製作地圖時，若有材料曲折，勢必對這計畫造成一些問題）。**單連通**的意思是沒有洞。前面已經說過**微分同胚**的含意。我們也知道**三維**的意思：三維流形指的是四維物件的表面。現在先來看看**球**（sphere）是什麼意思。球是由與一定點（即球心）等距的點所構成的集合。一維球（一般學校幾何學裡的圓周）由二維空間（平面）中所有這些點所構成。二維球（球表面）由三維空間中所有這些點所構成。拓樸學家對球特別感興趣的原因在於它們屬於所謂超曲面（hypersurface）的範疇，亦即具有特定空間中最高容許維度數的物件（在二維空間中是一維，在三維空間中為二維，依此類推）。龐加萊極感興趣的三維球是四維球的表面。我們無法想像它，卻可能正居住其上。

拓樸學家解數學題時，經常嘗試在不同維度數解題。二維的龐加萊猜想可說是拓樸學的基礎（亦即沒有洞的球、箱子、圓麵包和塊狀物體表面的本質相同）。但在三維中（當我們實際著手解決這個猜想時），事情就變得相當棘手。數學家花了大半個世紀，努力解決原始的三維龐加萊猜想，第一波突破卻是來自不同的地方，或者該說是較高的維度。

一九六〇年代初，有幾位數學家證明了龐加萊猜想在五維和更高維時為真（至於有多少位數學家又是在何種情況下證明的，至今仍有爭議）。其中一位是美國數學家斯托林斯（John Stallings），他在一九六〇年發表了龐加萊猜想在七維時為真的證明[13]，當時他剛拿到普林斯頓博士學位一年[14]。接著是美國數學家斯梅爾（Stephen Smale），他可能比斯托林斯更早完成證明，但發表時間晚了幾個月；然而，他證明了五維和更高維的龐加萊猜想[15]。然後是英國數學家齊曼（Christopher Zeeman），他把斯托林斯的證明延伸至五維和六維。[16]第四位是美國數學家華萊士（Andrew Wallace），他在一九六一年發表了基本上跟斯托林斯類似的證明。[17]日本數學家山菅弘（Hiroshi Yamasuge）則在一九六一年發表了他對五維和更高維的龐加萊猜想的證明版本。[18]

因此，在提出五十多年後，龐加萊猜想終於開始有破解跡象——儘管只是曙光初露。前面提到的這些數學家，以及無數離成功尚遠的數學家，都希望證明龐加萊猜想本身——亦即它的原始命題中的三維空間。儘管這些數學家可能會因為率先在破解這個猜想上有開創性貢獻而為世人銘記，但其中至少有一人似乎認為他最卓越之處，在於自己沒有做到的貢獻。柏克萊名譽教授斯托林斯在個人網站上僅列了自己的一些論文。[19]他提到的第一篇論文發表於一九六六年，標題是〈如何不解出龐加萊猜想〉（How Not to Solve the Poincaré Conjecture）。

「我犯下──以誤謬方法證明龐加萊猜想的罪愆。」斯托林斯一開始便寫道：「現在，為了阻止其他人犯類似的過錯，我將描述我錯誤的證明。誰知道呢，說不定只要一個小改變、一個新解釋，這個證明就能獲得修正！」[20]近百年來為了破解龐加萊猜想所做的種種努力，所秉持的正是這種抱著一線希望的精神，一方面感受到努力的徒勞無功，另一方面又無法放棄。

又過了二十年，龐加萊猜想才再度有破解的跡象。一九八二年，年僅三十一歲的年輕美國數學家傅利曼（Michael Freedman）發表了龐加萊猜想的四維證明。[21]這項成就被讚譽為一大突破[22]，傅利曼因而獲頒費爾茲獎。但三維的龐加萊猜想仍沒有人能證明。用於較高維度的證明方法，沒有一個能成功用於三維；在三維空間，拓樸學家沒有足夠的迴旋餘地可使用適用於較高維的工具。要證明龐加萊猜想在三維空間仍然為真，似乎需要革命性的方法，也是龐加萊本人無法想像或甚至不曾察覺過的方法。

四維空間的問題之一或許在於，它跟較高維度的空間不同，並不是完全抽象；儘管大多數人無法想像，但我們人類似乎很可能生活在四維中的三維空間。專家說有一人可以想像四維空間，那就是美國幾何學家威廉・瑟斯頓（William Thurston）。他們說瑟斯頓的幾何直覺跟其他人都不同。

「當你看到他或跟他說話時，他經常望向空處，你可以看出他看得到那些圖像。」哥倫比亞大學教授、同時也是瑟斯頓友人的摩根說道。坊間有幾本關於佩雷爾曼的龐加萊猜想證明的書，其中一本就是摩根與他人合著的。「他對幾何的認識跟我見過的人都不同。是不是有一類數學家是像比爾・瑟斯頓（Bill Thurston，威廉・瑟斯頓的別名）這樣？怎麼會有人能有那樣的幾何見解？你知道，我自己也有不少數學天分，但我在探討人類的結論時，方式跟他不同。」〔23〕

瑟斯頓談到四維空間中的三維流形時，彷彿能看得到和操縱它們一樣。他描述出切割它們的可能方式，以及它們在切割後會發生的事。對拓樸學家而言，這是非常重要的練習；複雜物件通常是透過其比較簡單的部分來研究，而且了解這些部分的本質及它們的關係，對於了解那個較大物件至關重要。瑟斯頓提出，所有的三維流形都能按照特殊的方式，切割成比較簡單的八種三維流形之一。若把瑟斯頓猜想視為朝證明龐加萊猜想邁近一步，其實不太正確。事實上，它的抱負甚至更大，儘管沒那麼知名。如果瑟斯頓證明了自己的猜想，自然能證明龐加萊猜想。但問題是瑟斯頓無法證明自己的猜想。

「我看著比爾有所進展。」摩根回憶說：「而當他無法證明它時，我心想：『我證明不了，沒有人證明得了。』就像傑夫〔齊格〕有一次說的：『龐加萊猜想只會愈解愈複雜，最後就卡住了。』」

有些數學家明智地選擇把精力放在其他地方，柏克萊教授漢米爾頓卻堅持解決龐加萊猜想，然後還要解決瑟斯頓猜想。新聞工作者形容漢米爾頓時通常會使用醒目活躍（flamboyant）等字眼，基本上意味著他不僅對數學感興趣，也熱愛衝浪和女性。他擅長社交，個性迷人，非常優秀——因為這兩個猜想的證明方法，就是他想出來的。

一九八〇年代初，漢米爾頓提出一個聽起來顯然不可靠的建議。在任一維度，球面都有一個正常數曲率（constant positive curvature）；這是球面的基本性質。所以如果能設法測量一個無法辨識也無法想像的三維塊狀物體的曲率，然後開始改變其形狀，同時不斷測量其曲率，最終有可能得到既為正又是常數的曲率，這樣無疑就能證明此物體是一個三維球。這意味著該物體一直都是一個球，因為改變物件的形狀實際上不會改變其拓樸性質——只是使它們變得比較容易辨識。

漢米爾頓發明了一種把度量放在塊狀物體上以測量曲率的方法，並寫了一個方程式來說明此塊狀物體及度量隨時間而改變的方式。他證明塊狀物體在形狀改變過程中，其曲率不會減少，而是必然會增加——這讓他能證明其曲率確實為正。但要怎麼確保它會是常數？漢米爾頓在這裡卡住了。

回想一下高中唸的簡單函數。比方說，$1/x$。此函數的圖形看起來像一條平滑的線，直到x=0的點時，情況會開始紊亂，因為0不能當除數。這時這條平滑線會突然暴增至永恆。這就是所謂奇異點（singularity）。

漢米爾頓的方程式所描述的度量轉換過程稱為「瑞奇流」。當瑞奇流以想像的度量作用在無法想像的塊狀物體上時，不時就會發展出一個奇異點。漢米爾頓指出，奇異點可以預測，也能藉由停止函數（即瑞奇流）來解除，用手修正問題後再繼續瑞奇流。當數學家說已經「用手」修正好問題時，實際的意思是為這個問題想出了一個不同的函數。有一個例子常見於電腦程式設計，亦即視條件來使用不同的函數。比方說，你的函數在 x 等於或大於0的情況時等於 x，並在 x 小於0時等於 $-x$。在拓樸學中，想像之手可以干涉一個物件的想像轉換過程，這種干涉稱為**幾何手術**（surgery）。漢米爾頓所設想的過程是瑞奇流和手術。

漢米爾頓不是第一個認為自己知道如何證明龐加萊猜想的數學家，也不是第一個在證明過程中遇到難以克服的障礙的人。為了讓他的綱領（數學家是這麼稱呼的）能夠運作，有幾件事必須為真。第一，待測量的曲率必須有一個常數極限（constant limit），也就是一種均勻邊界（uniform boundary）；若他假設這是真的，這證明就可能有效——但他怎麼知道他的假設是正確的？第二，漢米爾頓發明瑞奇流和手術，並能證明在一些情況下為有效，但他要怎麼證明無論任一種奇異點形成，這個方法仍舊有效。他可以建立哪些種類的奇異點會出現的理論，但他找不到控制所有奇異點的方法，甚至無法宣稱已經把它們全部辨識出來。他同樣「有所進展，但無法證明」。如同摩根所引述的齊格的話，「龐加萊猜想只會愈解愈複雜，最後就卡住了」。

二十五年後，有兩件事變得非常清楚。第一，漢米爾頓的確創造出證明龐加萊猜想和幾何化猜想的藍圖。第二，他的職業成就有多輝煌，他的個人悲劇就有多悲哀：他在四十歲時卡住，而且顯然仍無法脫困。

漢米爾頓開始卡住時，差不多是佩雷爾曼開始研究龐加萊猜想的時候。他也是從那時起消失，愈來愈少參加研討會，逐漸減少在斯捷克洛夫數學研究所的時數，到最後只有在領月薪時才會出現。他回電子郵件的速度變慢，甚至導致大多數舊識認為，這個前途一度大有可為的數學家同樣遇到了問題並遭擊潰，最後不再在數學圈出現。

現在我們知道實情並非如此。相反地，佩雷爾曼已經完成數學教育並開始運用它。接受教育的過程（或者更精確地說，他希望從他人汲取數學知識的渴望），其實是促使他與外界保持聯繫的原因。如今，外在世界的用處多少已經用罄；在它的功用已無關緊要的情況下，它的種種要求變得難以理解，甚至比以往更令人不耐。自然而然地，佩雷爾曼拋棄了那個世界，轉而面對數學問題。

這個世界賦予佩雷爾曼的是解題的習慣，不斷地淬鍊他那無與倫比的頭腦解題的能力。基本上，漢米爾頓所做的是把龐加萊猜想變成了一個超級數學奧林匹亞競賽題，可以說他多少挫了這個問題的銳氣。在頂尖數學家的世界，智識精英是提出從來沒有人想到要問的問題，從而開創新局的人。接下來是設法回答這些問題的人；這些人經常是處於職業生涯發展初期的精英——比方說，拿到博士學位才幾年，還在證明其他人的定理，尚未開始有系統地陳述自己的定理。最後是完成證明所需最後步驟的罕見精英；這些數學家固執、嚴厲又有耐性，他們把其他人構思並標示出來的道路鋪設完成。在我們的故事中，龐加萊和瑟斯頓屬於第一群，漢米爾頓屬於第二群，而佩雷爾曼是完成這項工作的人。

那麼，他究竟是什麼樣的人？他是從來沒遇過他無法解決的問題的人。無論他先前在柏克萊時，試圖對亞歷山德羅夫空間做哪些研究，都可能是一次例外（當時他可能真的卡住），但那也可能是他唯一一次試圖做第二類或甚至第一類的數學工作，而不是第三類。第三類的工作基本上類似解出一個數學奧林匹亞競賽題：它已經有明確的陳述，有關解答的限制也已設好——通往證明的道路已經由漢米爾頓標示出來。這是一個非常、非常複雜的奧林匹亞競賽題，無法在數小時、數週或甚至數月內解出。事實上，這個問題有可能無論任何人花多少時間都解不開——只有佩雷爾曼例外。佩雷爾曼是一直在尋找這類問題的人，而最終他會用上他那超級壓縮機般的全副腦力。

佩雷爾曼設法證明了兩件主要的事。第一，他證明了漢米爾頓不需要假設曲率總是均勻有界的；在進行證明的想像空間中，這一點將一直為真。第二，他證明了所有可能出現的奇異點都來自相同的根源；它們會在曲率開始「爆發」至難以處理時出現。由於所有奇異點都有相同的特性，單一工具就能有效處理全部奇異點——漢米爾頓率先設想的幾何手術就能做好這項工作。此外，佩雷爾曼證明了漢米爾頓原先假定的一些奇異點根本完全不會發生。

佩雷爾曼的證明邏輯有些特別，也有點諷刺。他之所以能成功，原因在於他運用其深不可測的心智能力來掌握所有可能性：他最終能宣稱自己清楚矩陣加大，物件自己改變形狀時的所有可能狀況。正因如此，他才能排除一些不可能出現的拓樸發展。談到想像的四維空間時，他指的是可能和不可能「自然」發生的事物。基本上，他能在數學中做到自己嘗試在生活裡做到的事：立即掌握自然的所有可能性，消除一切不在此範圍內的事物，包括閹人歌聲、汽車、反猶太主義，以及任何其他讓人不自在的奇異點。

註釋

1 Henri Poincaré, "Science and Hypothesis," in *The Value of Science: Essential Writings of Henri Poincaré* (New York: Modern Library, 1999), 9.

2 Donal O'Shea, *The Poincaré Conjecture: In Search of the Shape of the Universe* (New York: Walker and Company, 2007), 46.

3 Isaac Todhunter, *The Elements of Euclid for the Use of Schools and Colleges: Comprising the First Six Books and Portions of the Eleventh and Twelfth Books; with Notes, an Appendix, and Exercises* (New York: Adamant Media Corporation, 2003), 1.

4 同前，5。

5 同前，6。

6 公設1和解釋：http://alepho.clarku.edu/~djoyce/java/elements/bookI/post1.html, accessed June 18, 2008。

7 公設2和3：Todhunter, 5。

8 公設4和5：Book I of Euclid's *Elements*, http://www.mathsisgoodforyou.com/artefacts/EuclidBook1.htm, accessed June 18, 2008。

9 Bertrand Russell, *The Autobiography of Bertrand Russell* (New York: Routledge, 1998), 31.（我注意到本摘錄係因 William Dunham 的 *Journey Through Genius: The Great Theorems of Mathematics*。）

10 Richard Courant and Herbert Robbins, *What Is Mathematics? An Elementary Approach to Ideas and Methods*, 2nd ed., revised by Ian Stewart (New York: Oxford University Press, 1996), 223.

11 同前，224-27。

12 尤拉和拓樸學的誕生參見George Szpiro, *Poincaré's Prize: The Hundred-Year Quest to Solve One of Math's Greatest Puzzles* (New York: Dutton, 2007), 54-56; J. J. O'Connor, E. F. Robertson, "A History of Topology," http://www-groups.dcs.st-and.ac.uk/~history/HistTopics/Topology_in_mathematics.html, accessed June 20, 2008。

13 J. Stallings, "Polyhedral Homotopy Spheres," *Bulletin of the American Mathematical Society* 66 (1960): 485-88.

14 數學譜系計畫（Mathematics Genealogy Project），http://www.genealogy.math.ndsu.nodak.edu/id.php?id=452, accessed June 29, 2008。

15 S. Smale, "Generalized Poincaré's Conjecture in Dimensions Greater than Four," *Annals of Mathematics* 74 (1961): 391-406.

16 E. C. Zeeman, "The Poincaré Conjecture for n ≥ 5," in *Topology of 3-Manifolds and Related Topics* (Englewood Cliffs, NJ: Prentice Hall, 1962).

17 A. Wallace, "Modifications and Cobounding Manifolds," II, *Journal of Applied Mathematics and Mechanics* 10 (1961): 773-809.

18 Szpiro, 163.

19 斯托林斯的網站，http://math.berkeley.edu/~stall/, accessed June 29, 2008。

20 John R. Stallings, "How Not to Prove the Poincaré Conjecture," http://math.berkeley.edu/~stall/notPC.pdf, accessed June 29, 2008.

21 M. H. Freedman, "The Topology of Four-Dimensional Manifolds," *Journal of Differential Geometry* 17 (1982): 357-453.

22 Szpiro, 169-71.

23 摩根，作者訪談，紐約市，二〇〇七年十一月六日。

第九章

證明出現

日　期：二〇〇二年十一月十二日　星期二　05:09:02-0500（美國東部標準時間）

寄件者：格里高利・佩雷爾曼

收件者：〔多個收件者〕

主　旨：新預印本

〔　〕，您好：

麻煩您看一下我發表在arXiv math.DG 0211159上的論文。

摘要：

我們提出了一個瑞奇流的單調表式，在所有維度均有效且不需要曲率假設。它被解釋為特定正則系綜的熵。此文也提供數個幾何應用，特別是(1)由黎曼度量（模微分同胚）與脹縮的空間來考量，瑞奇流沒有非顯然周期軌道（也就是，除定點以外）；(2)在可於有限時間內形成奇異點的區域內，單射半徑取決於曲率；(3)瑞奇流無法迅速將一個近似歐氏區域變成非常彎曲的區域，無論遠方發生什麼狀況。我們也驗證了數個跟理察·漢米爾頓為證明瑟斯頓封閉三維流形幾何化猜想所提出的綱領有關的斷定，並且運用早期針對局部曲率下界塌陷獲得的結果，概述此猜想的折衷證明。

葛利沙　謹啟

大約十二位美國數學家收到這封郵件，上面說佩雷爾曼前一天在 arXiv.org 網站上貼了一篇論文；這個網站是由康乃爾大學圖書館託管，目的在於加速數學家與科學家之間透過電子方式進行溝通。這篇預印本和其後兩篇論文的內容都是描述佩雷爾曼耗時七年，破解龐加萊猜想和幾何化猜想的研究結果。

「於是我開始看那篇論文。」安德森告訴我：「我不是瑞奇流的專家，不過讀完後，我清楚地知道他有了重大進展，幾何化猜想，以及隨之而來的龐加萊猜想的解答已經在望。」這封郵件的每一個收件人，都投入多年時間在破解這兩個問題之一上獨自奮戰。他們每一個人對這個消息的反應都是五味雜陳：如果佩雷爾曼真的證明了這些猜想，將是不朽的數學成就，能帶來成功的喜悅——

但這是別人的成就，而且使許多期望有所突破的數學家希望破滅。安德森先前一直在研究幾何化猜想，耗費了將近十年的時間，據他所言，儘管「一直陷於技術問題的泥淖，我仍希望能洞察一些進展或有所突破，但最後真正獲得的結論卻是我做不到。但若有人能做到，我很高興是葛利沙。我喜歡他。所以第二天我就邀他過來，一天後我便收到了他同意的回覆，還挺令人驚訝的」。

與此同時，美國和歐洲的拓樸學家之間開始瘋狂地互傳電子郵件。安德森也寄了一些出去，其中一封如下：

> 嗨，〔姓名〕，
>
> 收信愉快。我不知道你有沒有注意到，佩雷爾曼在mathDG/0211159上貼了一篇論述瑞奇流的論文，你跟你的朋友已經研究這個領域多年，可能會想看一下。葛利沙是非常罕見、非常聰明的傢伙，我第一次遇到他大約是在九年前；我們在一九九〇年代初經常討論三維流形的瑞奇流與幾何化。昨天他突然寄了一封電子郵件通知我關於他那篇論文的事。
>
> 基本上，我對瑞奇流所知甚少，但在我看來，他似乎在這篇論文裡回答了許多人長久以來試圖解決的很多根本問題。他甚至有可能非常接近達成漢米爾頓一直以來的目標，亦即證明瑟斯頓猜想。在我看來，這篇論文提出了全新和原創的構想——這是葛利沙典型的做法（一九九〇年代初，他解答了其他領域許多未解決的問題，然後突然自這些領域「消失」。現在他似乎重新出現）。

無論如何，我想通知你們這件事，也想請你們隨時讓我知道有關這篇論文的討論或傳言……當然，我是真的想知道現在距離解決瑟斯頓猜想究竟有多近——因為這對我的研究有很大的影響。我現在假設他的論文是正確的，以我對他的了解，這應該是很合理的推測。

我現在要把一封類似的信，寄給一些我知道在研究瑞奇流的人。

麥克 謹啟

從來沒聽過佩雷爾曼的人若是沒有正視這篇論文，或許情有可原：以前定期有人宣稱證明了龐加萊猜想，然而在近一百年的時間裡，沒有人成功解答這道難題。每一個人都犯過錯，包括聲名卓著的數學家在內（事實上，連龐加萊也是）。每幾年就有看似為真的證明出現，而最後都證明它們是錯誤的——只是遲早的問題而已。只有認識佩雷爾曼的人才會知道，該以多認真的態度來看待他想證明龐加萊猜想的意圖——因為這些人才知道，就像佩雷爾曼在數學俱樂部的同學以前經常說的，他向來沒有缺陷，也只有他們才了解，他向來只有在準備充分的情況下才會有所表示。

但要怎麼確定這篇論文的內容是否正確？它運用了數學中幾個不同專門研究領域的技巧，甚至是問題；它們甚至不全限於拓樸學。除此之外，佩雷爾曼的陳述實在太過濃縮，以至於要判斷他的證明是否正確，首先要做的是解讀他的論文。佩雷爾曼不僅沒有直率地提議該做什麼，以及怎麼做，甚至沒有明說自己證明了龐加萊猜想和幾何化猜想，直到有人直接問他這個問題，他才承認。安德森的電子郵件是開始驗證過程的第一步之一。他在信裡的意思是：我們應該正視這個人，並且請讓我知道他是否真的做到了我猜測他已做到的事。安德森在收到佩雷爾曼這封請他去看那篇預印本的電子郵件後，次日清晨五點三十八分寫了這封電子郵件。

在幾小時內，安德森就收到幾何學家的回應，他們顯然熬夜讀了這篇論文。他們表示數學家所謂的「瑞奇流社群」（the Ricci flow community）興奮得幾近狂亂，並且特別指出他們以前沒有人聽過佩雷爾曼這個人。

佩雷爾曼在美國認識的拓樸學家中，沒有人屬於以漢米爾頓為中心的瑞奇流社群，而漢米爾頓正是佩雷爾曼的電子郵件，以及某種意義上這整篇論文最重要的收件者。幾何學家往返寄送電子郵件時，漢米爾頓明顯地保持沉默。「有沒有任何對於佩雷爾曼這篇論文的看法出現？」安德森在幾天後寫信給一位研究瑞奇流的學者：「你們這些在漢米爾頓的圈子裡的人，有沒有人看過這篇論文了？漢米爾頓知道了嗎？對於〔佩雷爾曼〕離完成這綱領有多近，有沒有任何看法？」

跟他通信的人表示，漢米爾頓已經知道這篇論文的事。這篇論文顯然真的非常重要。

事實上，佩雷爾曼的第一篇論文花了不到一半的篇幅，就解決漢米爾頓受困了二十年的瓶頸，難怪漢米爾頓會保持沉默。我們可以想像一個人看到自己畢生的抱負，被一個半路冒出來、滿頭亂髮還留著長指甲的人搶先達成的感受。如果一個人知道，人類行為的動力來源可能正是這種抱負、競爭力和職業自我價值感，而不是像數學的最佳利益這類原因的話，應該就能了解抱負被人搶先的感受。然而，佩雷爾曼卻沒有這樣的認知。

事實上，在佩雷爾曼的證明這個故事中，最令人驚異的地方在於許多數學家暫時放下職業上的抱負，致力於解讀和詮釋他的預印本。二〇〇二年十一月時，克萊納正在歐洲旅行。正當他要開始在波昂大學的演講時，一位在台下觀眾席的教授漢門絲塔（Ursula Hamenstaedt）問他：「喔，對了，您有沒有看到佩雷爾曼剛剛貼出來的預印本，上面有關於龐加萊猜想的幾何化證明？」至少他記得她是這麼說的。其實漢門絲塔對於自己的評估可能已經很謹慎——但克萊納知道必須以非常認真的態度來看待佩雷爾曼的成果。

「讀過他的論文或聽過他演講的人，沒有一個提到過他曾做過任何後來會失敗的陳述，或是說過任何思慮不周的話。」克萊納告訴我：「此外，他貼論文的地方 arXiv，是一個非常公開的論壇。所以除非他的性格在一九九〇年代初以後有了改變，否則我認為他很有可能已經有所突破，或許已經完全證明這個猜想。」而這意味著克萊納的職業生涯正發生突然的轉變。他跟安德森一樣，多年來一直在研究幾何化猜想的一個層面，雖然他用的是完全不同的策略。不像安德森，克萊納還沒有察覺自己的研究徒然無益。他的確知道有這個可能，如他所說：「這是高風險的研究計畫」，因為這是一個著名的猜想，別人有可能在他之前成功，但他那時沒有接受他的研究計畫事實上已經結束的心理準備，尤其是在他正要演講前夕。其後的一年半，克萊納將投入佩雷爾曼計畫（Project Perelman）。

與此同時，佩雷爾曼正準備前往美國。他收到任職紐約州立大學石溪分校的安德森及麻省理工的田剛的邀請，決定在這兩所學校各待兩週。他一開始就告訴安德森，他頂多只能在美國停留一個月，因為他不能讓母親獨處太久。[1]後來他的旅行計畫變成跟母親同行，但仍堅持只旅行一個月。

現在佩雷爾曼似乎再度重新與世界連結。他自己處理美國簽證事宜[2]（這件事就算對經常跟官僚制度打交道的人來說，也很麻煩），而且成功替自己和母親取得簽證。他自己買機票，用的顯然是他美國銀行帳戶裡剩餘的錢。過去七年他一直過得很節省，花的都是博士後研究所存的錢——他甚至在第一篇預印本裡加了類似大意的腳注[3]，非常執著於自己的理想，將對這項研究有貢獻的對象都列出來，儘管其中有些跟研究沒有直接的關係。佩雷爾曼跟安德森和田剛通信，討論旅行的時程和安排，包括醫療保險，這顯然是他非常重視的事。

佩雷爾曼從幾近隱居的生活到重新出現在數學界後，他繼續完成證明的能力似乎沒有受到絲毫影響。二〇〇三年三月十日，他在 arXiv 上發佈三篇預印本的第二篇[4]，那時他正在申請美國簽證。這篇預印本共二十二頁，比第一篇短了八頁。他心裡顯然對自己的證明一清二楚，所以儘管有容易令人分心的大小事，仍然能夠一次花兩星期時間投入撰寫這些濃縮的論文（後來那年春天他告訴齊格，他寫第一篇論文花了三週時間，比齊格讀它和了解它的時間還短）。

佩雷爾曼在二〇〇三年四月初抵達麻省理工學院。對田剛來說，佩雷爾曼跟他的記憶中差不多：瘦削，長髮，指甲長，不過這次沒有穿棕色燈芯絨夾克。對第一次見到他的人來說，他令人印象深刻，就像一般古怪的數學家。他發表演講時，廳堂裡座無虛席。聽眾裡有不少人先前一直在讀他的第一篇論文，並做了自己的筆記；其中有幾位是在田剛發起的研討會裡這麼做的。但大多數聽眾是好奇的數學家，他們只是想來看看可能成為百年來在數學領域貢獻最大的人。這些數學家聽得懂他的演講主線，但顯然無法在演講後提出有意義的問題——在佩雷爾曼眼中，他們充其量顯得無趣，最糟的是令他感到厭煩。他禁止對這場演講攝影，而且明確表示他不想要任何媒體知名度，不過那天仍然有幾名記者設法進場。

幾乎讓人難以置信的是，那些原本只是想來見識數學奇觀的人居然願望成真。這場演講跟一九九四年佩雷爾曼在國際大會上所做的演講截然不同，這次的演講不僅條理分明，流暢清晰，甚至還很有趣。那時他跟龐加萊猜想的關係可說正處於高峰。如果龐加萊猜想是一個人，這可能是佩雷爾曼選擇跟它結婚的時刻：這時他可以清楚看到他們之間的所有過往，對未來的疑慮最少也最肯定。

第一場演講後的兩星期間，佩雷爾曼幾乎每天都會向一群人數較少的聽眾講述他的研究。他每天花數小時時間回答問題，大多數是關於幾何化猜想的問題。早上他開始講述前，通常會先到田剛的辦公室停留，大多是談數學的話題。他有可能是在尋找需要解的新問題；他問田剛正在做的研究，甚至提出一些跟田剛的專長有關而無關幾何化的想法。田剛跟佩雷爾曼談的大多僅限於數學問題，鮮少涉及其他，不像安德森和摩根，後兩者經常想把佩雷爾曼拉出數學領域。「他很專注，而且目的專一。」田剛告訴我：「我對他能忽視許多其他人會注意的事情，把全副注意力投注在做數學上的精神感到敬佩。」

佩雷爾曼在造訪期間看起來非常輕鬆而友善，所以有一天早上田剛在跟他討論時，提起希望佩雷爾曼留在麻省理工的話題。麻省理工有意提供他教職，田剛的一些同事前一晚已經跟佩雷爾曼接洽，想說服他相信麻省理工的資源可以讓他做出更多研究成果。田剛問佩雷爾曼，看看他的反應。無論佩雷爾曼對他說了什麼，田剛這位彬彬有禮且說話極度溫和的學者都不願向我重述。「他說了一些看法，」田剛斟酌地說：「但我不想重述。」問題不僅僅是這次佩雷爾曼對留在美國不感興趣，也是因為在現在給予他一個安定的大學職位做為獎勵，對他來說是一種侮辱。八年前他就期望獲得正教授的職位。今天他的智力跟八年前一樣，他當年就該獲得這樣的職位；然而當時他們卻要他證明他優秀得足以教數學。而今在他證明了龐加萊猜想後，卻又表現得彷彿他終於證明了自己的優秀，事實上能證明這個猜想，對他來說就已經是獎賞。

佩雷爾曼和田剛回復到先前那樣，客氣地討論流形、度量和估計值。在他們討論時，佩雷爾曼的怒氣只有再出現過一次。田剛所謂第一次的「事件」應該是發生在四月十五日，接近佩雷爾曼離開麻省理工的時候。那時《紐約時報》刊登了一篇文章，標題是〈俄羅斯人報告稱已解決一個著名的數學問題〉（Russian Reports He Has Solved a Celebrated Math Problem）〔5〕。對佩雷爾曼來說，這標題的每一個字幾乎都是侮辱。他沒有「報告」任何事物；他一直很小心，只在回應直接的詢問時才提出自己的主張。從佩雷爾曼的觀點來看，以「著名的」來形容龐加萊猜想，而且是刊登在大量發行的報紙上，是離譜又粗鄙的說法。而它的說法本身更是一大侮辱。這篇報導的第四段開頭寫道：「如果他的證明被接受，能夠在有同儕審查的研究期刊出版，並能通過兩年的審查，佩雷爾曼博士可能有資格領取一百萬美元的獎金。」這似乎暗示佩雷爾曼之所以著手證明這個猜想，是為了贏取百萬美元（好像他對這筆錢感興趣的樣子），以及為了能把自己的論文寄送給同儕審查的期刊。這些顯然都不是事實。早在克雷研究所設立獎項的數年前，佩雷爾曼就已經開始研究龐加萊猜想。儘管他用錢並知道錢的好處，但本身的需求極少，自然對金錢也沒有欲求。最後，他決定把自己的證明貼在 arXiv 上，刻意對以付費訂閱方式流通科學期刊的做法，表示反感。[6]如今在他已經解決最困難的數學問題之一後，佩雷爾曼不會為了出版而請人仔細研究他的證明。

到美國以前，佩雷爾曼已經對詢問過的人明白表示，他不想引起數學界以外的人注意（安德森就是問過他這件事的人之一，他在詢問時非常小心）。佩雷爾曼沒有說他絕不想要知名度；他明確說的是時機未到。而儘管他在跟新聞記者談話的事情上非常謹慎，對於在同事之間公開他的講座和研究則採取很寬鬆的態度：他樂於讓主辦講座的人自行斟酌是否要使用職業電子郵寄清單發布相關消息[7]。他對許多不同的數學家絕對地信賴，而對新聞記者本能地不信任。《紐約時報》刊登的那篇文章不僅讓他對新聞記者更加猜疑（那篇文章的作者對事情與動機錯誤的解讀方式，可能正是佩雷爾曼擔心的地方），也在不知不覺中使他開始對同事不信任；這名記者引用的來源之一是一位數學家，這位數學家先前曾參加過田剛的研討會和佩雷爾曼的演講。摩洛卡（Thomas Mrowka）不是沒有根據的觀察者，但他提出了自己的評價，而這份評價成為這篇報導的最佳推手，可能也是令佩雷爾曼生厭的原因：「他不是證明了它，就是有了一些真正重要的進展，我們都將從中學習。」

佩雷爾曼離開麻省理工那天，和田剛過河到波士頓具有歷史意義的後灣（Back Bay）午餐，佩雷爾曼似乎很高興。他甚至談到回美國的可能性；他說他收到史丹福、柏克萊、麻省理工的工作邀約——事實上，那時他可以在美國任一數學系獲得想要的條件。在繁華的波士頓，這兩位數學家午餐後沿著查爾斯河（Charles River）散步。佩雷爾曼原本放鬆的心情轉為焦慮，因為他對田剛透露，他跟布萊格之間——乃至於他跟俄羅斯數學體制——的關係惡化。田剛同樣不願對我透露細節（只說他懷疑他朋友這次是否是對的），但是由於佩雷爾曼和他們之間的嫌隙在聖彼得堡已經引起諸多討論，不難獲知細節。他們之間的衝突源自在布萊格的實驗室裡工作的另一位研究員，佩雷爾曼認為他的腳注寫得太過隨便，已經到了抄襲的程度。這名研究員採取的是普遍接受的腳注做法，亦即僅列出一個文獻條目的最新出處，而不是列出與其起源有關的所有文獻。佩雷爾曼要求向來以寬容著稱的布萊格，將那名研究員交付公開的撻伐。以佩雷爾曼的觀點來看，這種做法已非常近似犯罪，而布萊格拒絕這麼做，等於是共犯；佩雷爾曼對他的導師發出的怒吼聲，在斯捷克洛夫數學研究所的走廊上都聽得到〔8〕。佩雷爾曼離開布萊格的實驗室，避到拉蒂琛絲卡亞的實驗室；拉蒂琛絲卡亞是卓越的數學家，不僅年長，有足夠的智慧，同時又是女性，因此能接受佩雷爾曼的本性〔9〕。其他人似乎都願意原諒他，包括布萊格和葛羅莫夫在內，他們一般視佩雷爾曼為幾近完美無缺的人，但是他們沒看出他對於加腳注的態度，從最好的一面來看是堅定不變，從最糟的一面來看是嚴苛到幾近荒謬〔10〕。

佩雷爾曼在麻省理工的講座結束後，前往紐約市，而他母親再度住到親戚家。他只待了週末，就在週日傍晚搭火車前往紐約州立大學石溪分校。安德森到火車站接他，把他送到暫住的宿舍；佩雷爾曼特別要求住宿地點要「盡量樸素」〔11〕。第二天他開始演講，為未來兩週安排好一致的時程：

早上是講座，下午是討論。對於參加者而言，這些討論幾乎像奇蹟一樣。他們當中有些人從來沒聽過佩雷爾曼，其他人則以為他已經消失，但他卻已解決龐加萊猜想，現在正以極清晰的方式演講，同時在討論時展現無與倫比的耐心〔12〕。

這正是佩雷爾曼以前所學的做數學應有的方式。他每天早上去演講廳完成自己的使命，這說明了他為什麼會用清晰的陳述，也很有耐心。但是在石溪分校以外的世界，事情日益朝與他的期望相反的方向發展。他抵達石溪分校那天，《紐約時報》又刊登了一篇報導〔13〕，一開始同樣是錯誤地說，佩雷爾曼宣稱已證明龐加萊猜想，並將該證明與百萬美元大獎相連，接著又引用單一來源的話：即當時在微軟工作的傅利曼，他因證明了四維龐加萊猜想而獲頒費爾茲獎。令人難以置信的是，傅利曼說佩雷爾曼的成就對拓樸學來說是「有點悲痛」（a small sorrow）的事：他推論說，佩雷爾曼解決了這個領域最大的問題，這使得這個領域的吸引力變小，所以「以後你不會再有像現在這些優秀的年輕人」。

這或許是相當嚴重的侮辱。佩雷爾曼認同的人原本就少，在跟布萊格的爭吵後，更是少到只剩一些能夠了解他的證明的人。在麻省理工的時候，他曾經告訴田剛，他認為別人可能要花一年半或兩年的時間才能了解他的證明。但一般會預期，傅利曼這樣的人很快就能對佩雷爾曼的解答所具有的簡潔及正確與否，有通盤的了解。傅利曼將佩雷爾曼的證明說成是對他們一度共享的領域的挫敗，而且還是在一個讀者群可能永遠無法了解這個問題或解答的報紙媒體訪問時這麼說，肯定會造成傷害——而傅利曼的反應似乎很不合邏輯，更是傷人。

如果有人能權威地對佩雷爾曼所做的事做出評論（特別是他在第一篇論文裡闡述的內容），這個人非漢米爾頓莫屬。畢竟，佩雷爾曼採取的是漢米爾頓的綱領。而這個故事最奇特和悲哀的地方之一，就在於這兩人的軌道彼此錯過。佩雷爾曼並不屬於安德森和其他數學家所稱的「瑞奇流社群」，而這個社群正是漢米爾頓先前嘗試讓矩陣符合這個猜想的二十年中，以他為中心逐漸發展而成的。佩雷爾曼顯然聯絡過漢米爾頓兩次；一次是在漢米爾頓的演講後，一次則是在佩雷爾曼返回聖彼得堡後以信函聯絡。這兩次佩雷爾曼都是請漢米爾頓澄清他先前說過或寫過的內容。漢米爾頓沒有回應他的第二次聯絡——如果佩雷爾曼以自己的行為做為衡量標準的話，或許可以充分了解這一點。事實上，漢米爾頓之所以沒有回應，原因跟佩雷爾曼可能截然不同（據說漢米爾頓跟典型的數學家不同，很擅長社交）；漢米爾頓通常難以找到，偶而隱居，而且回信和回電的速度通常很慢。但佩雷爾曼恐怕不會看出這類似的模式，反倒可能因漢米爾頓保持沉默而深感沮喪；儘管佩雷爾曼的需求甚少，不過通常會期望自己的需求獲得滿足。

現在，漢米爾頓也保持沉默。他沒有去參加佩雷爾曼在麻省理工的演講，或許令人感到失望，倒是可以了解。但是當佩雷爾曼開始在石溪分校進行安排好的工作，由於那裡離漢米爾頓任教的紐約市哥倫比亞大學才一個半小時，漢米爾頓的缺席變得顯而易見。紐約的其他數學家參與了，其中包括摩根，他邀請佩雷爾曼在週末到哥倫比亞大學演講。佩雷爾曼同意了，然後又同意在同一個週末到普林斯頓做另一場演講。

四月二十五日週五，佩雷爾曼到普林斯頓演講。這所大學再度提出工作邀約，佩雷爾曼拒絕了。週六，他在哥倫比亞大學演講，漢米爾頓去了，並在午餐後留下來參加討論，直到最後只剩他自己、佩雷爾曼、摩根，以及在庫朗學院任職的葛羅莫夫。「大家都在等理察說他看懂了沒有。」摩根告訴我：「這是他的理論，他的構想。這是解它的方式。他顯然是可以提出評判的人。」

而他有嗎？這正是微妙之處。「理察在開始時願意承認，也的確承認了第一篇論文的內容是正確的，而且是一大進展。」摩根說道，試著謹慎地措詞，以免冒犯同事。佩雷爾曼的第一篇論文僅探討瑞奇流，而瑞奇流正是漢米爾頓的發明，也是他非常有自信的領域。第二篇論文講的是瑞奇流和手術，這也是漢米爾頓的發明，但佩雷爾曼的處理方式還混合了亞歷山德羅夫空間，以及先前佩雷爾曼跟葛羅莫夫和布萊格所做的研究。這不是漢米爾頓專長的領域，所以他可能比較沒有自信，而且對佩雷爾曼可能在這個領域方面犯了錯誤，抱著更大的希望。「我心想或許當時他認為『嗯，這是個錯誤』，」摩根說：「『而若這是一個錯誤，就讓我有發揮的空間，能創造出更多我想要做的貢獻。』所以我認為他在判斷上有點保留，等著看情況發展。」如果佩雷爾曼有可能在第二篇論文中走錯方向，那麼其他人（最合理的是漢米爾頓本人）就能以佩雷爾曼第一篇論文裡的突破為基礎。然而，這一切都是臆測：當漢米爾頓公開談到佩雷爾曼的研究時，總是非常善意；只不過他談到的次數比許多人（包括佩雷爾曼）的預期少得多。

摩根記得在哥倫比亞大學那天，「氣氛恰當但冷淡。似乎沒有任何明顯的緊張情況。葛利沙不會對任何人挑釁。如果從外面看去，他們就跟任何其他的數學談話沒有兩樣：接收構想，然後講述想法。換句話說，無論理察對於自己的冷淡私底下是什麼感覺，至少在這次談話中，他的態度中規中矩。」

摩根邀佩雷爾曼在次日早上去他家吃早午餐。「佩雷爾曼說：『唔，還有誰會去？』我說：『噢，我太太、女兒，我可能還會邀請幾個人。』他說：『噢，那就不了。我就不過去了。』我自己的想法是如果那是數學聚會，他可能就會來了。但因為是社交聚會，他不是那麼感興趣。」那天，佩雷爾曼跟葛羅莫夫在紐約四處走走，跟他談龐加萊猜想，以及他跟布萊格的衝突。然後他回母親借住的布萊頓海灘，打算在第二天晚上回石溪分校接著做第二週的講座和討論。

佩雷爾曼回石溪分校時，心情沮喪。他告訴安德森，他對漢米爾頓問他的問題層次感到失望：看來這位瑞奇流的發明人並沒有花時間深入鑽研佩雷爾曼的證明。其中的原因十之八九相當複雜：漢米爾頓對於接觸佩雷爾曼的研究存有矛盾，此外對於一面他撞了二十年都無法攻克的牆，如今卻突然被別人撞出了裂痕，對於他在心理和數學上可能都很難接受。但是就像二十年前一樣，儘管佩雷爾曼能以無盡的耐心，對感興趣的聽眾一再重複他的解釋，他仍無法想像有人會難以理解在他眼中看來簡明易懂且幾近不證自明的事。

佩雷爾曼也對普林斯頓執拗的邀約企圖感到惱怒。該校的人在佩雷爾曼的演講後致電安德森，請他協助網羅佩雷爾曼。在佩雷爾曼的要求下，安德森拒絕幫忙，但普林斯頓仍然把正式邀約以信函方式寄給佩雷爾曼——這種做法讓佩雷爾曼感到厭煩。「他們逼過頭了。」他告訴安德森。在佩雷爾曼已經明白表達，甚至在普林斯頓的邀約後兩年間有系統形成的許多行為準則中，有一條就是

「人不應強加自己的看法於他人身上」〔14〕。普林斯頓先前因為要求佩雷爾曼申請工作而冒犯了他，如今又因邀約太過執著而冒犯了他。

安德森除了對佩雷爾曼非常欽佩，似乎也對他的界線非常敏感，他顯然能在不冒犯佩雷爾曼的情況下，設法實現跟所有邀請佩雷爾曼的其他美國大學相同的目標：說服他留在自己的大學，拉他參與社交聚會。安德森每天都耗費心力，設法說服佩雷爾曼外出用晚餐，偶而會成功。他也在家中替佩雷爾曼舉辦了一場派對，不過事後回想起來，那有點像一場災難：安德森和他的朋友齊格為美國入侵伊拉克一事大聲爭執，齊格支持這件事，安德森則反對。安德森記得自己非常憤怒。「葛利沙只是靜靜聽著。」他回憶說：「他似乎沒有意見。」當然，佩雷爾曼唯一堅持的看法是，政治討論不能有傷數學家的尊嚴。

安德森帶佩雷爾曼去見西蒙斯（Jim Simons），他是一位傑出人士，先前將石溪分校數學系改頭換面，使它名列美國頂尖數學系之林，後來又成為對沖基金經理人，累積了驚人的財富，並跟許多慈善機構及石溪分校分享。「西蒙斯清楚表示他希望葛利沙能來這裡，任何任期，任何薪水，或甚至一年一個月都行，」安德森說：「因為西蒙斯具有能使這件事成真的影響力和財富。葛利沙說：『謝謝，您真的很慷慨，但我現在不想談這件事。我得回聖彼得堡教高中生。』他已經答應要教二〇〇三年秋季班。」

佩雷爾曼的回答或許只有他自己才完全了解。俄羅斯有一個著名的笑話，一名演員被好萊塢的大型電影公司網羅。這名演員即將主演一部影片，他非常興奮，直到他發現拍攝時間訂在十二月。

「我沒辦法去。」他說：「我已經有新年派對了。」意思是他已經預定要在兒童派對上飾演嚴寒老人（亦即俄羅斯的聖誕老人）——既然他重視這項短期的表演工作，便得放棄畢生難得的大好機會。佩雷爾曼的藉口聽起來同樣荒謬和感人，但顯然只是一個藉口而已。就我所知，他在二〇〇三年秋天唯一承諾要做的事是到聖彼得堡一所物理數學學校，參加為時一天的數學競賽。[15]他的確去了，但這件事絕對不會妨礙他接受眾多美國機構中任一個的工作邀約。他真正拒絕的原因很簡單：他極端厭惡成為某個部門的重要財產。

佩雷爾曼在四月底回俄羅斯。他在七月十七日發布第三篇，也是最後一篇證明龐加萊猜想的預印本[16]，這次只有七頁。相關的討論在沒有他的參與下進行。六月時，密西根大學的克萊納和同事洛特（John Lott）建立了一個網頁，在上面貼出他們對佩雷爾曼第一篇論文的筆記[17]。接近年底的時候，位於帕羅奧多（Palo Alto）的美國數學研究所（American Institute of Mathematics）和柏克萊數學科學研究中心（Mathematical Sciences Research Institute in Berkeley）聯合舉辦針對第一篇論文的研習會[18]；克萊納、洛特、田剛和摩根是最積極的與會者。二〇〇四年夏天，他們四人都參加了克雷數學研究所贊助、在普林斯頓舉行的研習會；克雷數學研究所做為百萬美元大獎的管理機構，鼓勵數學家評判佩雷爾曼的證明，對他們有利害關係。大約在克雷數學研究所贊助的研習會舉行前後，這四位最仔細閱讀那些論文的數學家顯然已排除任何剩餘的疑慮，認為這項證明是正確的。這項證明似乎有一些錯誤，在佩雷爾曼的陳述中也有許多漏洞，但這些似乎都不足以動搖佩雷爾曼已經證明龐加萊猜想的斷言，甚而可能已經證明了幾何化猜想（對幾何化的共識是在稍晚才達成的）。正如佩雷爾曼的預測，他的數學同事從開始研究他的證明到了解它，花了大約一年半的時間。

二〇〇四年夏天的研習會後，田剛和摩根決定合著一本論述佩雷爾曼的證明的著作；最終由克雷數學研究所出版這部著作，而該機構也贊助了克萊納和洛特的工作。二〇〇五年夏天，克雷數學研究所贊助針對這項證明所舉辦的長達一個月的研習會。研究佩雷爾曼的預印本一事，變成數學界的自家工業，而它原本也應如此；參與其中的許多數學家都是花了大半職業生涯的歲月，努力破解這些猜想，而現在他們每個人都為了在當代最偉大的數學成果中扮演支援的角色，犧牲了自己成為主角的希望。

如果佩雷爾曼走比較傳統的路線（如果他寫符合傳統的論文，然後呈交給數學期刊），他的論文會受到的審視恐怕也不遑多讓。這些期刊會把他的論文交給他的同儕審查（由於拓樸界很小，這些人很有可能來自現在仔細研究他這些論文的同一批人）。兩種做法的差異在於，身為審查者，他們會私下讀這些論文，而不是在研討會、研習會或暑期學校的環境進行討論，再者他們會把審查結果以信函方式寄給期刊，而不是以筆記形式貼在網路上，讓所有感興趣的人看。從佩雷爾曼以高度濃縮的形式把證明貼在網路上開始，這個由他的過程所牽涉到的人可能跟期刊出版一樣多，但產生的協力合作和公開程度卻遠比傳統程序多得多。這樣的過程也比較快：在公開以前，佩雷爾曼沒有像典型的情況一樣，花數月或數年時間，按照傳統數學描述方式來呈現結果。他對學術出版的傳統慣例感到厭煩並不是基於意識形態；他只是用不上，因此也不在意它們。

但是在傳統出版框架外，像克萊納、洛特、田剛和摩根等不僅花工夫了解，也努力解釋佩雷爾曼這些證明的人，又扮演著什麼角色？他們可以說是佩雷爾曼的合著人。佩雷爾曼早期最重要的論文之一，也是以類似的情況形成合著人。我問葛羅莫夫跟佩雷爾曼合寫文章是什麼感覺，他說：「很獨特。其實我沒有跟他互動。布萊格過來，我們談話，然後布萊格回去，他們談話，我猜是佩雷爾曼寫完的。」

「所以你們並沒有看原稿？」我懷疑地問。

「沒有。」

「這樣不是很冒險，有人可能會在這個過程中犯錯？」

「有過這種情形，總是會有。一人寫一部分、其他人寫其他部分時經常發生這種情況，而且其實兜不攏。有些非常著名的數學家就曾寫過像這樣的拙劣文章。」

「但這並不是不讀原稿的原因？」

「原稿？當然不是。讀已經做完的研究是一件無趣的事。你做完——然後就忘了它。」

佩雷爾曼正是如此。他在石溪分校講課時，克萊納和洛特發現他跟一般的數學家一樣平易近人，而且樂於參與跟他的證明有關的討論。但是在他停留的時間接近尾聲時，克萊納和洛特問他，等他們的筆記完成後，他是否願意過目，佩雷爾曼說他不願意。「如果他願意的話，其實只需要花半小時左右過目一次，然後給一些評論就行了。」克萊納說，儘管時隔五年，他似乎仍對佩雷爾曼的反應感到不解。「一般會預期這是最起碼能做的事。但是你知道，他不是一般人。」克萊納回憶起，佩雷爾曼曾解釋說，看他們的筆記會讓他覺得自己多少得為克萊納和洛特的成果負責。這充分呈現出佩雷爾曼對個人責任的異常重視，以及他對任一數學問題的重要性有自主的看法。在佩雷爾曼所在的宇宙中心，龐加萊猜想逐漸消逝在過去。如葛羅莫夫所說：「你做完——然後就忘了它。」佩雷爾曼知道在數月後，當克萊納和洛特完成筆記的時候，他不會再對討論龐加萊猜想感興趣。

克萊納和洛特繼續在沒有佩雷爾曼的情況下，研究他的論文。他們在過程中發現了一些問題（事實上，克萊納一度相信他們找到一個嚴重、甚至可能是重大的致命缺陷，但洛特糾正了他的看法），還發現即使在這些高度濃縮的預印本中，佩雷爾曼主要呈現的，仍是他自己與這個問題之間的關係，而不是問題的解答。克萊納和洛特在即將鑽研完佩雷爾曼的第一篇預印本時，發現這篇論文較前面的一些章節自成獨立的內容，跟這項證明最終的軌線無關。

二〇〇四年九月，克雷數學研究所贊助的研習會後，田剛寄了一封電子郵件給佩雷爾曼，提到「說我們已經了解這項證明」。他指出自從他們沿查爾斯河散步後，恰恰已經過了一年半的時間。田剛問他有沒有出版預印本的打算，因為他跟摩根正考慮寫一本關於這項證明的書。佩雷爾曼沒有回應。「他可能認為他把預印本貼在 arXiv 上，就等於在發表上做得夠多了。」田剛跟我談話時提到：「或者他那時候對我已經有點不愉快。我先前一直試著避免跟記者談，因為首先，我不喜歡跟記者談話；第二，這要花時間。」但在二〇〇四年春天，在一位朋友的請託下，田剛打破沉默，跟一名為《科學》雜誌（*Science*）撰稿的自由記者談話——現在他懷疑佩雷爾曼知道他違背了承諾，也因而不回信，雖然最可能的原因是佩雷爾曼沒有任何話要說。他對這項證明的預測已經成真，也不打算出版預印本——既然如此，又何必做多餘的評論？

在跟佩雷爾曼聯繫方面，摩根運氣比較好。在田剛與摩根的協力合作中，是由摩根寫信問佩雷爾曼一些數學問題。他一直對收到的精準回答感到驚異。「我問他一個數學問題，幾乎立刻就會得到我在找的答案。」摩根告訴我：「比較典型的數學對談是像這樣：你問一個問題，對方不是不怎麼了解你的問題，就是因為是從不同的觀點回答，所以答案總是拐彎抹角，不如你想要的直接。於是接著你再問一次。這次你重新整理過問題，加以琢磨。然後你或許就能得到自己一直在尋找的答案。這樣的事絕不會發生在佩雷爾曼身上，我問他一個問題，他就像完全明白我感到困惑不解的點，以及我需要哪些回答才能釐清情況。」

於是，摩根嘗試他在其他問題上的運氣。他有好些迫切需要解答的問題。首先，他希望看到佩雷爾曼的預印本正式出版（即使是為歷史紀錄的原因也好）。他提議他會親自編輯，然後在由他合編的期刊上發表。他也邀佩雷爾曼到哥倫比亞大學：「你願不願意來一週、一個月、一學期、一年，或者餘生？」摩根小心地把這類問題夾在數學問題之間。「然後我得到像這樣的回應：『對問題一的答案是這樣；這裡是問題二的答案。我對你的其他問題，沒有答案。』所以他的確承認收到了問題，這已經比他給其他人的回應要多了。」但他沒有回答它們。過了一陣子，摩根不再有數學問題可問。

摩根和田剛在二〇〇六年完成原稿後，把它寄給佩雷爾曼。包裹被退回，上面蓋著「拒絕收件」（SERVICE REFUSED）。

註釋

1 佩雷爾曼，寄給安德森的電子郵件內容，二〇〇二年十一月二十日。

2 同前，二〇〇三年三月三十一日。

3 該腳注部分內容為：「我的旅行費用部分來自我在一九九二年秋天於庫朗學院、一九九三年春天於紐約州立大學石溪分校，以及一九九三年至一九九五年於加州大學柏克萊分校擔任米勒研究員時的個人積蓄。在此感謝所有給予我那些機會的人。」Grisha Perelman, “The Entropy Formula for Ricci Flow and Its Geometric Applications,” http://arxiv.org/PS_cache/math/pdf/0211/0211159v1.pdf, accessed August 29, 2008.

4 Grisha Perelman, “Ricci Flow with Surgery on Three-Manifolds,” http://arxiv.org/abs/math/0303109, accessed August 28, 2008.

5 Sara Robinson, “Russian Reports He Has Solved a Celebrated Math Problem,” *New York Times*, April 15, 2003.

6 葛羅莫夫，作者訪談，巴黎，二〇〇八年六月二十四日。

7 佩雷爾曼，寄給安德森的電子郵件，二〇〇三年四月二日。

8 蒙涅夫（Nikolai Mnev），數學家，作者訪談，聖彼得堡，二〇〇八年四月二十二日。

9 戈洛瓦諾夫，作者訪談，聖彼得堡，二〇〇八年十月十八日和十月二十三日。

10 訪談葛羅莫夫；查加勒，作者訪談，雷霍沃特，以色列，二〇〇八年三月十六日；布萊格，作者電話訪談，二〇〇八年二月二十六日。

11 佩雷爾曼，寄給安德森的電子郵件，二〇〇三年三月三十一日。

12 訪談安德森。

13 George Johnson, “The Nation: A Mathematician’s World of Doughnuts and Spheres,” *New York Times*, April 20, 2003.

14 佩雷爾曼，二〇〇七年與阿布拉莫夫電話談話，佩雷爾曼告訴阿布拉莫夫這是他的原則之一。

15 米納斯基（Andrei Minarsky），作者訪談，聖彼得堡，二〇〇八年十月二十三日。

16 Grisha Perelman, “Finite Extinction Times for the Solutions to the Ricci Flow on Certain 3-Manifolds,” http://arxiv.org/abs/math/

0307245, accessed August 31, 2008.

17 該網站的成品現在貼在 arXiv，http://arxiv.org/PS_cache/math/pdf/0605/0605667v2.pdf, accessed August 31, 2008。

18 Allyn Jackson, "Conjectures No More? Consensus Forming on the Proof of the Poincaré and Geometrization Conjectures," *Notices of the AMS* 53, no. 8 (September 2006): 897-901.

第十章 瘋狂

二〇〇四年五月，佩雷爾曼返回聖彼得堡。那裡每到晚春時節就不再只是一個適合居住的地方，更是一座美麗的城市；柔和清冷的光線照亮了平常灰色的市容，而且入夜後依舊沒有變得暗淡。城裡的居民湧上街頭和堤防，四處漫步，這在寒冷潮濕的冬季是不可能的事。向來步行的佩雷爾曼，跟重視在聖彼得堡享受美好事物的魯克辛一起散步。數週前佩雷爾曼在波士頓跟田剛沿著查爾斯河散步聊天時，天氣應該跟現在差不多。這次佩雷爾曼說了許多跟那次聊天相同的事，只不過語氣更重——或許是因為魯克辛聽得比田剛更清楚，也更大聲。佩雷爾曼說他對數學界感到失望。

「他花了八、九年時間才證明龐加萊猜想。」魯克辛告訴我，回想起當時跟佩雷爾曼的談話：「想想看如果你有個孩子出生時就帶病，八年來你不知道他活不活得下來。你花了八年時間日以繼夜地照顧他，現在他終於日益健康，從醜小鴨變成了美麗的天鵝。而現在有人對你說：『你何不把你的孩子賣給我？這裡有一些獎助金，只要半年，或說不定一年的時間，我們就能一起出版這件作品，使它成為共同的成果。』」

通常當你跟數學家談話時，指出邏輯錯誤能使談話內容更加豐富。這次的情況顯然並非如此。首先，沒有人會把年僅八歲的孩子送入世界，而若一個十八歲的孩子獲得大學職位，沒有父母會認為這種事令人不快。重點在於即使魯克辛扭曲了佩雷爾曼話裡的邏輯，他可能仍正確地傳達了佩雷爾曼的情感。從某種意義上來說，他只是用了一個不當的比喻：佩雷爾曼對龐加萊猜想的證明並不像小孩那麼脆弱或珍貴，但佩雷爾曼有所成就，卻收到不相稱的獎勵建議時，他的感受就像溺愛的父親聽到有人想買自己的孩子一樣。魯克辛通常對這個世界存有高度懷疑，也常感覺受到蔑視，對於佩雷爾曼迸發的情緒肯定添加了自己的詮釋。這也是為什麼在他口中，職位邀約會變成露骨地想買下佩雷爾曼證明的合著權；以及為什麼魯克辛（或許佩雷爾曼也是）會把克萊納和洛特（以及後來的田剛和摩根）解釋這項證明的工作，想成企圖篡奪功績的做法。

魯克辛結論道：「科學世界——佩雷爾曼認為所有科學中最誠實的科學，對他露出了另一面。它已經蒙塵，變成市場商品。」

佩雷爾曼在跟聖彼得堡的其他同事談到他的講座之旅時，也有類似的激烈反應，而這些同事在重複他的敘述時，同樣添加了一些企圖解釋他那些憤怒與痛苦的細節。比方說有人告訴我，當「漢米爾頓踩著重重的腳步中途離開他的演講」時，佩雷爾曼感到受傷。當我請他澄清時，他承認說：「踩著重重的腳步那部分是我自己加的。但是從我聽到的，他的確是激動地在演講中途離開。」

當佩雷爾曼在二〇〇六年夏天跟兩位《紐約客》（*New Yorker*）的作家談話時，他告訴他們，漢米爾頓去聽他的演講時晚到，討論或午餐的時候也沒有提出問題。這項記憶跟摩根的不同。十之八九，漢米爾頓沒有問任何讓佩雷爾曼覺得這位年長數學家認真看過他那些論文的問題。「我是漢米爾頓的門徒，雖然我還沒有受到他的認可。」佩雷爾曼告訴《紐約客》，並補充說：「我的印象是他只讀了我的論文的第一部分。」[1]

佩雷爾曼對數學界的失望談得愈多，他熟識的人愈常在他的故事上加油添醋，使得佩雷爾曼遭受背叛的感覺愈重。他的世界從唸大一起就開始縮小，然後在他兩度到美國旅行時稍微擴大了些，如今又開始朝悲慘的終點不斷萎縮。他的世界就像從球體上不斷因緊縮而滑落的橡皮圈一樣，即將縮小成一個點。

佩雷爾曼從十歲進入魯克辛的數學俱樂部起（或許該說早從他母親告訴她的指導教授，要放棄數學去生小孩開始），一直就是一個人類數學計畫。他由母親養育，由魯克辛教養，由里錫克呵護，由阿布拉莫夫訓練，由查加勒指導，由亞歷山德羅夫保護，由布萊格幫助，由葛羅莫夫提拔，所以他才能在純數學世界，純粹地做數學。佩雷爾曼回報給這些師長和恩人的則是：解決他找得到最難的問題，並全心投入這個過程。而他也期望在完成時，能獲得一些事物。就像他先前深信不該脫掉自己的帽子，儘管與種種證據不符，他仍對憑靠實才的實力主義深信不疑，所以他的腦子裡已經形成事物該有的完美圖像。基本上，他已經有了一個腳本。這個腳本顯然暗示，漢米爾頓會參加佩雷爾曼在石溪的所有講座，甚至可能去聽他在麻省理工的第一場講座，而漢米爾頓和整個瑞奇流社群會深入鑽研佩雷爾曼的證明，盡一切努力了解它。其他數學家也會這麼做；這應該是他們對於他的貢獻及要表達他們對數學的熱愛時，自然會有的反應。

佩雷爾曼對漢米爾頓的失望最令他痛苦，因為他顯然視漢米爾頓為純數學階層的人。佩雷爾曼在跟《紐約客》的記者對談時，回想起他在普林斯頓第一次遇到漢米爾頓的情景，那時他就清楚指出了這一點：「『我真的想問他一些事。』佩雷爾曼回憶說：『他面帶微笑，很有耐心。事實上他告訴我幾件他在幾年後才發表的事，而且毫不猶豫。他寬大的胸懷深深吸引著我。我會說大多數的數學家都做不到。』」在佩雷爾曼的記憶裡，漢米爾頓的形象是如此鮮明與穩定，以至於漢米爾頓沒有回應他最初那封跟瑞奇流有關的信，後來對他的第一篇論文也沒有反應等等，佩雷爾曼都忽視了——因此他一直預期漢米爾頓會在他的講座之旅期間，仍照著他心中的腳本走。

這個腳本也包含規則，而且是明顯的規則。人不應談論他們不了解的事物；如果大家要花一年半的時間才能了解他的證明，在那之前就不應談論它。偉大的數學成就應該獲得的獎賞是專業上的肯定，而這種肯定只有一種形式：研究和了解這個人所做的研究工作。金錢不能取代研究工作。事實上，金錢是一種侮辱。一所大學提供金錢，獎勵一個解決重大問題的人，但這所大學卻沒有人了解這項解答，如果你覺得這種事情很自然，那麼想想看一個類似的比喻：有一家出版商去找一名作家並說：「我沒讀過你的任何一本書；事實上，沒有人讀完你的任何一本書，但他們都說你是天才，所以我們想跟你簽約。」這是一種諷刺，而在佩雷爾曼的腳本裡，沒有諷刺存在的餘地。

時序回到一九八一年夏天，魯克辛設法舉辦數學夏令營的第一年，佩雷爾曼首次離家到外地過夜。魯克辛把二十名十三到十六歲的俱樂部成員，帶到列寧格勒市外的少年先鋒營，那裡有一棟棟低矮的石造建築座落在風景優美的混合林中，要到一個寒冷的湖泊很方便。魯克辛替他們安排每天做大約四小時辛苦的解題功課，中間穿插一些游泳、健行，邊在林間散步邊聽魯克辛朗誦詩，也會在室內休息，聆聽古典音樂。他們跟營地管理人員的約定明訂，這些數學家會在營地中自成一個單位〔2〕；他們可以有自己的寢室區和時間表，但必須穿少年先鋒的制服（白色或藍色的扣領襯衫，搭配紅頸巾），還必須跟所有人一樣參加一些特定的營地活動，例如政治課。

於是露營季節開始時，魯克辛的學生上了一堂有關外交事務的課。講師是一名共青團的年輕人，他說：「今天的國際情勢特別緊張。」結果所有數學俱樂部的人哄堂大笑。〔3〕今天特別緊張！懂了嗎？這就像說昨天一點也不緊張，只有**今天特別**緊張。

如果你不覺得這特別好笑，那麼你可能沒有亞斯伯格症候群（Asperger's syndrome）。這種病症得名於奧地利的小兒科醫生亞斯伯格（Hans Asperger），長久以來咸認他是在一九四〇年代第一位對這個病症下定義的人。事實上，似乎早在一九二〇年代，蘇聯兒童精神病學家蘇卡瑞娃（Grunya Sukhareva）就已經率先把這個病症的症狀歸類起來〔4〕；然而，當時她把這個病症稱為類分裂性人格疾患（schizoid personality disorder），這或許有幾分可以解釋它為什麼在俄羅斯一直是不受歡迎的診斷結果。亞斯伯格症候群是一種泛自閉症的障礙。亞斯伯格症患者跟大多數自閉症患者不同，他們通常擁有正常智商或高智商，但心智發展仍然跟亞斯伯格症相關團體所謂的「神經正常者」，有顯著的差別。亞斯伯格注意到，亞斯伯格症兒童的社會成熟與社會推理的發展會延後，以亞斯伯格含蓄的描述來說，有些患者的社會能力終生「相當不尋常」。[5]他們交友困難；他們在溝通上有問題，語調、節奏和音調經常古怪奇特，令人困惑；他們在了解和控制自己的情緒上也有問題；而且其中許多患者的生活需要大量協助，因此經常是依賴母親才能正常生活。

在亞斯伯格之後過了四十多年，一位名叫拜倫—科恩（Simon Baron-Cohen）的英國心理學家開始研究自閉症和亞斯伯格症候群[6]，我認為他發現的幾件事對了解佩雷爾曼相當有用。首先，拜倫—科恩提出自閉症患者的大腦有一種特殊的不對稱現象。神經正常者的腦具有系統化（systemize）和產生同理心（empathize）的能力，自閉症患者的腦可能有卓越的系統化能力，但同理心能力很差——拜倫—科恩因而稱這種情形為「極度男性大腦」（the extreme male brain）[7]。他把系統化定義為「根據辨識輸入—實作—輸出的規則，進行分析和（或）建立（任一種）系統的驅力」，並推論系統化能力優越的人患有自閉症的風險增加。當他在劍橋大學一群大學生中檢驗這個理論時，結果顯示這些人當中的數學家診斷出自閉情況的可能性，是其他學生的三到七倍。[8]拜倫—科恩也發展了自閉症光譜量表（autism-spectrum quotient, AQ）測驗，讓患有亞斯伯格症或高功能自閉症的成人、隨機選取的控制組、劍橋學生，以及英國數學奧林匹亞競賽優勝者，進行這項測驗。結果數學與自閉症和（或）亞斯伯格症之間的相關性再度獲得證明：數學家的得分比其他學科的科學家高[9]，而後者的分數又比人文學科的學生高，人文學科的學生所得的分數大致跟隨機控制組差不多。當拜倫—科恩用電子郵件把ＡＱ測驗寄給我時，我也做了這項測驗，結果分數跟他所預期前數學系學生可能得到的分數一樣高，意思是很高。據我所知，佩雷爾曼沒有做過ＡＱ測驗，而沒跟他說過話的人也不可能對他進行診斷，不過在我花了一小時在電話上跟拜倫─科恩描述佩雷爾曼後，這位知名的心理學家自願飛到聖彼得堡去評估這位著名的數學家（他聽起來跟拜倫─科恩的許多病患很像），先前已經有許多人自願提供佩雷爾曼並不歡迎的協助，如今這一長串名單上又多了一人。

如果先前拜倫─科恩選擇的是俄羅斯數學家，而不是英國數學家做為受試對象，結果可能不是相同，就是更加顯著。畢竟，俄羅斯的數學天才經常被聚在一起，放在對他們特殊的古怪行為特別容忍的環境裡。對數學家孤僻無禮的行為採取寬容的態度，是俄羅斯由來已久的傳統。許多有關柯莫哥洛夫的回憶錄都提到他的奇特行為，他會在談話進行到一半時突然離開，這證明了他完全不重視社會常規，以及他對社交的務實做法，而這正是亞斯伯格症患者的典型行為：一旦獲得所需的資訊，就沒有繼續溝通的必要[10]。例如柯莫哥洛夫在莫斯科大學擔任院長時，有一次他在走道上，有個人跟他打招呼並重複說：「哈囉，我是某某教授。」柯莫哥洛夫沒有回答。最後這位教授說：「你認不出我，對不對？」柯莫哥洛夫回答：「我認得出，我知道你是某某教授。」[11]在亞斯伯格症患者的世界裡，談話是為了交換資訊，而不是幽默。柯莫哥洛夫大多數學生曾提到他另一個典型的亞斯伯格症特徵：他們稱之為他的「脾氣」[12]，其實是指令人害怕、顯然失控的激怒。從柯莫哥洛夫顯著的社會問題並沒有對他的職業生涯造成損害就可以看出，亞斯伯格症文化已經深深融入俄羅斯數學文化的大環境。

拜倫─科恩另一個重要的看法是自閉症患者沒有「心智理論」[13]，他們無法想像別人會有跟自己不同的構想、概念與經驗。拜倫—科恩以正常兒童、自閉症兒童及唐氏症兒童為試驗對象，做了一個令人印象深刻的實驗。他讓所有兒童看一齣有兩個娃娃和一顆彈珠的短劇，其中一個娃娃把彈珠放在籃子裡，然後離開房間；它離開後，另一個娃娃移動彈珠。等第一個娃娃回來後，實驗者問這些兒童它會到哪裡找那顆彈珠。智力不足的唐氏症兒童和正常兒童的測驗分數同樣高：他們知道這個娃娃會到先前它留下彈珠的籃子裡找彈珠。但是在二十名自閉症兒童中，有十六名確定它會到彈珠真正所在的地方找，而不是這個娃娃認為它所在的地方。這些兒童相信單一的事實，完全無法根據人類的限制進行調整。

澳洲心理學家艾伍德（Tony Attwood）也是亞斯伯格症的世界權威，他認為亞斯伯格症患者會按照實際所聽的一切來詮釋世界，原因就在於心智理論缺陷（theory-of-mind impairment）。他在一本著作中描述一個孩子在文章結尾畫了一張圖[14]，因為老師先前告訴學生要「draw their own conclusions」，字面意思是「畫出他們自己的結論」，其實它的意思是「做出他們自己的結論」。相信話語的字面意義，可能導致亞斯伯格症患者在聽到像是天氣預報的政治課內容（「今天的政治情勢緊張」）時大笑，也讓他們相信萬物會按照該有的方式運作。「我懷疑許多『告密者』患有亞斯伯格症。」艾伍德寫道：「我遇到過好幾位告密者，他們在工作時遵循公司或政府部門的行為準則，並會報告錯誤行為和貪污。他們後來發現組織文化、直屬主管和同事對這種做法並不支持的時候，大為震驚。」[15]

由此看來，蘇聯異議運動的創始人是數學家和物理學家，或許並非偶然。[16]對於照字面意義看待事物，期望世界會以符合預測、邏輯和公平的方式運作的人來說，蘇聯不是一個好地方。但數學俱樂部，例如魯克辛經營的那一個，卻能為這一類的人提供庇護。魯克辛把保護蘇聯學童裡的黑羊視為己任，而且把一些社會退縮的態度視為天才數學家的標誌。我第一次訪談魯克辛的時候，他稍後跟一名十一歲的男孩有約；那孩子的母親要帶他來給他「看看」，這意味著魯克辛會花一、兩小時的時間，給那男孩做一些數學問題，再決定是否要收他進俱樂部。到了預約時間，魯克辛開門看那男孩來了沒。他的確來了，靜靜地坐在走廊上唯一的扶手椅上。「我看得出他有天賦。」魯克辛邊說邊關上門：「我看得出來。」我很清楚他的意思：那男孩蒼白笨拙，看起來心不在焉。如果艾伍德和拜倫—科恩看到他，或許也會發現一些熟悉的徵兆：肢體笨拙和表情不當都是亞斯伯格症患者的外在表現之一。

我從別人口中所聽到、從佩雷爾曼加入數學俱樂部開始的每一件事，幾乎都跟亞斯伯格症患者的典型描述相符。他顯然忽視個人衛生習慣，這是亞斯伯格症患者常見的情形，他們覺得這是社會上難以理解的大多數人強加在他們身上的麻煩事。[17]他在說明問題的解答時有困難，這也是這種病症的典型描述。「亞斯伯格症患者經常說太多細節。」拜倫—科恩說：「他們不知道該略去哪些內容，也不會考慮聆聽者的需求。」這是心智理論問題：說話的重點不在於讓對方了解，而僅僅在於陳述。佩雷爾曼的同學告訴我，他向來願意回答跟數學有關的問題；然而如果發問者聽不懂他的解釋，就會發生問題。「他很有耐心。」他以前的一名同學回憶說：「他會重複一模一樣的解釋，一遍又一遍。彷彿他無法想像有人會覺得那解釋難以了解。」[18]她或許是對的：佩雷爾曼真的無法想像這樣的事。

佩雷爾曼在說明解答之間的關係上有困難，或許也可以從這個角度來解釋。如果他有亞斯伯格症，無法看到全面的情況可能是他奇特的缺點之一。英國心理學家佛萊斯（Uta Frith）和哈柏（Francesca Happé）曾論述他們所謂的「弱核心統整」（weak central coherence）[19]，這種特質是泛自閉症障礙患者的思考特色。他們太過重視細節，以至於無法了解全面。當他們無法獲得全面時，通常是因為他們已經把各個部分（例如週期表上的元素）排出模式，系統化能力強的人發覺做這樣的事能讓人極度滿意。「可以使用數次、有機會重複的事實最為有趣。」龐加萊是史上最擅長系統化的人之一，他在一百多年前便寫道：「我們有幸能出生在有這類事實的世界。假設世上的化學元素不是八十個，而是八百萬個，它們不是有些常見、有些罕見，而是均一地分布。那麼我們每次拿起一顆新石子，它都很有可能是由某種未知物質組成……這樣的世界將沒有科學可言……幸好我們的世界並非如此。」[20]

亞斯伯格症患者是藉由一一認識每顆石子來學習這個世界，幸好有週期表，他們才能辨識石子的模式。艾伍德討論亞斯伯格症患者在社會環境裡生存的情形時，曾用了「五千片拼圖」的比喻，在社會上，「一般人會有拼圖盒上完整的圖可以參考」，而且這會構成他們的社會直覺。[21]亞斯伯格症患者卻沒有這個圖可參考，必須痛苦地一塊塊拼出整張拼圖。或許佩雷爾曼是藉由「不要把毛皮帽解開」和「讀學校書單上的書」這類規定，來想像拼圖盒上完整的拼圖，對他來說，它們就像週期表上的元素一樣。唯有緊緊抓著它們，他才能生活。

佩雷爾曼跟其他人的互動持續減少了八年；無論以前他有過哪些社交技巧，在停用後已經開始生鏽（以前他在研究所和做博士後研究時，這些技巧向來夠用，儘管差異極小），而對他人行為的容忍度也愈來愈差。整體來看，亞斯伯格症患者似乎能夠適應社會關係，不過他們並不是像神經正常者一樣與生具有這種能力。羅比森（John Elder Robison）寫下自己罹患亞斯伯格症的人生回憶錄時，把這個過程描述為一種交換：社會化似乎會使他喪失一些專注於系統化的卓越能力[22]。相反地，在數年間高度專注於系統化，似乎使佩雷爾曼失去他一度擁有的所有社會技巧。我們可以想像在安德森的派對上，齊格與安德森之間激烈的政治辯論，對他來說多麼不適，他有多不願參與任何多餘的事，他根本不願理會與他的研究工作相關的諷刺事物，無論它們是真實或想像的都一樣（例如他的證明有可能使人疏遠拓樸學這類諷刺的想法）。他一度懷有極高的期望，賦予數學偉大與真正珍貴的價值。數學界的回應卻貧乏微弱，嘗試說服他接受替代品，而不是給予他真正的認可，難怪他會對數學界感到失望。

雖然當時佩雷爾曼的失望僅限於國際數學界，唯一的例外是斯捷克洛夫數學研究所，或者該說他的實驗室，亦即他在與布萊格爭吵後的避風港。佩雷爾曼恢復跟以往一樣在研究所的活動：他參加研討會，有時一週數次，偶而會去查看電子郵件。為講座之旅而離開前的幾個月，他跟新實驗室的主管拉蒂琛絲卡亞維持平穩的關係。她在二〇〇四年一月去世，享年八十二歲，在那之後佩雷爾曼就鮮少與人交談。佩雷爾曼一回到俄羅斯，就寫完他的證明的最後一篇論文，並在六月時貼在 arXiv 上，然後他似乎開始研究其他問題。他跟先前一樣對它們閉口不談，但顯然跟拉蒂琛絲卡亞的研究興趣愈來愈近。

佩雷爾曼在斯捷克洛夫數學研究所獲得升遷：現在他擁有首席研究員的頭銜。在俄羅斯的學術機構，研究人員分為四階，首席研究員是最高階。單單擁有博士學位鮮少能擁有這個頭銜；俄羅斯採取二階式論文制度，第一篇論文可以讓人列為博士候選人，第二篇論文才能讓人獲得博士稱號，佩雷爾曼在研究所學業結束時所寫並在美國獲得博士資格的是第一篇論文。斯捷克洛夫數學研究所一些心懷善意的人一直建議佩雷爾曼寫第二篇博士論文。這個過程要求這篇論文必須以傳統方式出版，並且必須進行答辯。佩雷爾曼自然不把這件事當一回事。「他認為他不需要做這件事。」斯捷克洛夫數學研究所所長基斯亞科夫（Sergei Kislyakov）以一種稍帶困惑的聲音告訴我。[23]他對於讓佩雷爾曼感到最難受的態度描寫得最具體：他喜歡佩雷爾曼，希望他一切順利，但他真的認為規則適用於每一個人，而這意味著首席研究員就應該按部就班，寫第二篇論文並進行答辯。佩雷爾曼當然也認為規則就是規則，但是這僅僅適用於他自己選擇的規則，而且愈來愈傾向於他自己發明的規則。佩雷爾曼認為其他規則都具有欺騙的本質，而它們假裝成真正的規則更讓他憤怒。

與此同時，俄羅斯科學院正在整頓，努力在一九九〇年代的混亂後，恢復舊有的榮耀。一方面，他們逐漸修復資產，斯捷克洛夫數學研究所重新粉刷，鋪設新管線；薪資也增加，首席研究員的薪資在一九九〇年代初已經到了實際以分文計算的窘境，到了二〇〇四年提升至每月四百美元左右（如果佩雷爾曼能取得博士學位的話，將能領得更多）。另一方面，他們現在要求做書面工作，報告研究與出版活動。不出所料，佩雷爾曼對於必須填寫書面報告來證明自己的數學工作感到憤怒，拉蒂琛絲卡亞的繼任者賽瑞金（Grigori Seregin）保護了佩雷爾曼，確保他能繼續平靜地待在斯捷克洛夫數學研究所。

二〇〇四年底，佩雷爾曼代表斯捷克洛夫數學研究所聖彼得堡分所，到莫斯科參加研究院的年終會議。他就龐加萊猜想發表了演講。當他回到聖彼得堡後，他無法填寫費用報告。[24]俄羅斯法律規定，由機構派遣的人出差時必須在到達最終目的地時在文件上蓋章，才能符合請款資格。若是一個人在短短數月前才剛成功經歷過複雜的美國簽證系統，面對俄羅斯複雜的公務出差制度肯定不會有問題。但事實上，佩雷爾曼基於原則問題而沒有在文件上蓋章，他對聖彼得堡會計室的人說：「我不能搶機構的錢。」結果會計只得把他的文件寄到莫斯科的研究院，請他們蓋完章再寄回來。但是佩雷爾曼仍然不願接受報支的款項，直到會計拿出帳簿，證明報支款項會由特殊旅行基金支出，而該基金與斯捷克洛夫數學研究所的薪資預算完全無關後，佩雷爾曼才接受這筆錢。佩雷爾曼的金錢處理規則，顯然已經變得跟他的腳注規則同樣嚴苛與難解。此外，跟腳注一樣，儘管這些標準只有佩雷爾曼自己知道，他卻相信它們是普遍適用的——如果他發現有人違反它們，就會變得冷酷無情。

二〇〇五年夏天，佩雷爾曼到斯捷克洛夫數學研究所的會計室，詢問他拿到的薪水為何比平常的月薪高時，就展現過無情的作風。那時斯捷克洛夫數學研究所已經是直接把研究員的薪水存入他們的銀行帳戶，所以佩雷爾曼是在銀行的機器上發現的。面對佩雷爾曼的會計已經五十多歲，身材矮胖，在該研究所服務近三十年，看過數學家種種古怪的行為。她確認佩雷爾曼拿到的薪資，比他平常的月薪多了八千盧布（略少於三百美元），亦即將近他月薪的兩倍。原因很明顯：他的實驗室完成了一項研究計畫，而且剩下一些研究經費。實驗室主管賽瑞金按照平常的做法，指示會計室把剩餘的基金平均分給實驗室的人員。他犯了一個錯誤。佩雷爾曼前幾任的主管都知道佩雷爾曼不贊同這種做法，因此向來不會把他列入受益名單（就像他先前一直不贊同數力系考試時的合作方式，那也是受到普遍認可卻可能違反法律字面意義的活動）。賽瑞金不知道佩雷爾曼的立場，所以把他列入了名單。

佩雷爾曼要求會計說出他多拿到的確切金額，然後離開研究所，稍晚時帶著八千盧布的現金回來。他要求會計室收回這些錢。會計建議他把錢送到實驗室，賽瑞金會決定處理方式。佩雷爾曼堅持把錢直接還給研究所，這可能就是研究所一些成員後來所說，佩雷爾曼的怒吼聲連在走廊上都聽得到的時刻。然而，那名會計否認他有怒吼——不過這有可能是因為她待在斯捷克洛夫數學研究所這些年，對於極端且突然爆發的人類情緒已經見怪不怪。最後佩雷爾曼終於獲勝：他說服會計寫一張收據，上面說她已經收到這筆錢。

儘管這個研究基金的故事荒謬又顯著，但在聖彼得堡和其他地方的數學家之間卻很有名。事實上，我第一次聽到這個故事是在美國。但我聽到這件事的頭三、四次，它都被說成是佩雷爾曼離開斯捷克洛夫數學研究所的原因。根據這種說法，佩雷爾曼拒絕拿這筆錢，把門砰然關上，直接離開。這種說法非常簡潔，卻不是實情。佩雷爾曼是在這件事發生半年後的二〇〇五年十二月初才辭職，而且沒有明顯的原因。那天他到研究所去，把辭職信交給祕書。她立即跑去通知所長，基斯亞科夫請佩雷爾曼過去。他走進所長的長形辦公室，裡面放了一張磨光的木製會議桌，然後他平靜地開口：「我對這裡的人沒有任何意見，但我沒有朋友，再說我已經對數學感到失望，想嘗試做別的事。所以我辭職了。」

基斯亞科夫建議他做到月底，這樣就能領取十二月的傳統紅利（大約四百美元）。佩雷爾曼拒絕了。他取消研究所的電郵帳號，離開數學，直接穿過厚重的橡木雙層大門，踏上楓丹卡河的堤防，消失在聖彼得堡抑鬱灰暗的冬日天色裡。

「有什麼東西突然啪地繃斷了。」基斯亞科夫聳聳肩告訴我。他不知道那是什麼。有可能是佩雷爾曼在解一個數學題上遇到困難——若是如此，他先前也遇過困難，它們並沒有使他拒絕數學。無論如何，他無疑是很有耐力的馬拉松跑者。最後一次令他失望的原因，可能跟他貼出第一篇龐加萊猜想證明的論文滿兩週年時的情況有關。佩雷爾曼已經給了數學界一段寬限期。畢竟克雷數學研究所的規定說，百萬美元大獎可以在出版兩年後頒發（事實上，這些規則說的是，**經過同儕審查**並出版兩年後，可以任命一個獎項執行委員會，但拿魯克辛來說，他就會在跟我談到克雷大獎，宣稱在表達佩雷爾曼的立場時，故意忽略這些細微之處）。在佩雷爾曼眼中，二〇〇五年十一月可能是數學界最後的救贖機會。克雷數學研究所原本可以忽略對佩雷爾曼來說不合理的多餘規則，僅實踐合理的規則，宣布佩雷爾曼是百萬美元大獎的贏家。一如往常，獎金不是重點，認可才是，而且這項認可必須跟佩雷爾曼的成就一樣是獨一無二的。他會是史上第一位領取克雷獎金的人。他會單獨接受它。而且他只會按照自己的條件來接受。

這樣的事沒有發生。

接下來發生的事非常奇怪。二〇〇六年六月號的《亞洲數學期刊》（*Asian Journal of Mathematics*）出刊，長達三百頁的內容刊登的都是兩位中國數學家曹懷東（Huai-Dong Cao）和朱熹平（Xi-Ping Zhu）的文章，題為〈龐加萊猜想和幾何化猜想的完全證明——漢米爾頓—佩雷爾曼瑞奇流理論的應用〉（A Complete Proof of the Poincaré and Geometrization Conjectures—Application of the Hamilton-Perelman Theory of the Ricci Flow〉[25]。乍看之下，這篇文章似乎也是詳細說明佩雷爾曼的證明，跟克萊納和洛特及摩根和田剛的做法所做的事雷同——但當中的重要區別在於曹朱一直沒有公開談過他們的研究，不曾參加過克雷數學研究所的任何研討會和研習會。他們一直在哈佛教授丘成桐（Shing-Tung Yau）的指導下進行研究，丘成桐是費爾茲獎得主、漢米爾頓的好友，也是美國和中國最具影響力的數學家之一，並且是《亞洲數學期刊》的主編。在佩雷爾曼請大家留意他第一篇證明龐加萊猜想的預印本時，丘成桐就在那封電子郵件的收信者名單上。他沒有做出任何回應，僅向《科學》雜誌表示，他認為佩雷爾曼的證明在完成瑞奇流所需的手術次數上，可能有個致命的缺陷[26]。

曹朱的文章摘要讀起來，行銷語氣可能要比史上任一篇數學摘要都來得重。事實上，它跟數學沒有明顯的關係。它的全文說：「在本文中，我們給出龐加萊猜想和幾何化猜想的完全證明。本研究係奠基於過去三十年間許多幾何分析學家所累積的研究工作。本證明可視為對漢米爾頓—佩雷爾曼瑞奇流理論的封頂之作。」這兩位作者看來是在宣稱漢米爾頓和佩雷爾曼已經為龐加萊猜想和幾何化猜想奠定基礎，但最後一哩路卻是中國數學家完成的，因此這項突破——以及隨之而來的名聲、榮耀及百萬美元——理應屬於他們。數學法則就是這樣：完成最後一個證明步驟的人獲得全部的功績。完成最後一步跟提供證明的詳細說明之間的差異在於內容，而內容是難以衡量的。六月三日，丘成桐於他在北京的數學研究中心召開記者會[27]，該中心副主任宣稱：「漢米爾頓的貢獻超過百分之五十；俄羅斯人佩雷爾曼的貢獻大約百分之二十五，而中國科學家的貢獻，包括丘成桐、朱熹平和曹懷東等，在百分之三十左右。」（撇開其他不說，這顯然是一個算術奇蹟，丘成桐一直否認這個說法，它原本刊登在一份中文報紙上，後來在西方重刊。）

一週後，丘成桐在北京召開會議並以霍金（Stephen Hawking）為號召。雖然與會的數百人大多是物理學家，丘成桐仍在這個場合宣布曹懷東和朱熹平所謂的突破，並說「中國數學家有理由為完全解決這個難題的巨大成功而驕傲」[28]。

丘成桐急切地按年代列出證據以支持他的說法，其中將曹懷東和朱熹平視為數學英雄。他在二〇〇六年六月發表的一篇文章裡，做了以下的描述：「在過去三年裡，許多數學家嘗試看漢米爾頓和佩雷爾曼的構想是否共同站得住腳。克萊納和洛特（二〇〇四年）在他們的網頁上，就佩雷爾曼證明的幾個部分貼了一些筆記。然而，這些筆記遠非完整。在曹朱的文章於二〇〇六年四月被期刊接受並宣布後（該刊是在二〇〇六年六月一日發行）（原文如此）。二〇〇六年五月二十四日，克萊納和洛特貼了另一個更完整的筆記版本。他們的方法跟曹朱不同。要花一些時間才能了解他們的筆記，它們在幾個重要的點上顯得有些概略。」[29]事實上，丘成桐看來似乎是急促地將曹朱的文章出版[30]，有效跳過審查過程，抽掉先前預定刊登的內容；具體地說，這樣兩位作者就能宣稱沒讀過克萊納和洛特的筆記（該筆記一開始即明確說明他們闡述的是佩雷爾曼的證明[31]）。

這場競賽持續進行，因為該年夏末就舉行了國際數學家大會，這是自佩雷爾曼開始貼出預印本後的第一場數學大會。龐加萊猜想的證明（以及附帶而來的百萬美元大獎）無疑會是該會的主題。

八月二十二日，這場在馬德里召開的國際數學家大會揭幕。在開幕當天早上，世界各地的刊物收到一份新聞稿（並限制在當天中午以後才能公布），宣布佩雷爾曼將因「對幾何學的卓著貢獻，以及他對瑞奇流的分析與幾何結構提出革命性的洞見」，獲頒費爾茲獎。該文件接著解釋：「截至二〇〇六年夏天，數學界仍在檢視他的工作，以確認它完全正確以及這些猜想已獲得證明。在超過三年的嚴格審查後，頂尖專家並沒有從中發現嚴重的問題。」[32]換言之，這篇正式新聞稿最後還是沒有給予佩雷爾曼證明龐加萊猜想的功勞。同一天，新一期《紐約客》開始銷售，其中包括一篇名為〈流形的命運〉（Manifold Destiny）的文章，撰文者是《美麗境界》（*A Beautiful Mind*）的作者娜薩（Sylvia Nasar），以及科學記者格魯伯（David Gruber）。這篇文章追蹤與佩雷爾曼的證明、曹懷東和朱熹平的論文，以及丘成桐主張中國科學家應擁有此證明的作者權等有關的故事，甚至包含與佩雷爾曼的對話摘錄；先前這兩位作者設法說服了佩雷爾曼，接受他們到聖彼得堡採訪他。這篇文章中引用安德森的話：「丘成桐想當幾何學之王。他認為一切都應當出自於他，應當由他監督。他不喜歡別人侵入他的領域。」該文也引用了摩根的話，他反駁曹朱兩人所說佩雷爾曼的證明有嚴重的漏洞而他們將之補全的說法。「佩雷爾曼已經做到了，他的證明完整而正確。」摩根告訴《紐約客》的作家：「我看不出他們做了什麼不同的事。」

「那實在很有趣。」一位數學家告訴我：「它就在大會進行中出版，而影印機立刻開始全速運轉。我原本可能會覺得無聊，但事實上，真的很有趣。」[33]

八月二十九日，《紐約客》出刊後隔天，國際數學家大會的每日通訊連續刊登了採訪曹懷東和克雷數學研究所所長卡爾森的內容。[34]曹懷東高度讚揚漢米爾頓和佩雷爾曼，說他們「已經做了最重要的奠基工作」，並補充說：「他們是巨人和我們的英雄！」但他明顯沒有繼續說是佩雷爾曼證明了龐加萊猜想和幾何化猜想——事實上，他讓漢米爾頓和佩雷爾曼聽起來像是過去的巨人，讓今日的數學家能站在他們的肩膀上建構出最終的證明。另一方面，卡爾森果斷地說：「佩雷爾曼符合千禧年大獎的所有要求」，並將克萊納和洛特、摩根和田剛，以及曹朱兩人的工作，稱為完成克雷數學研究所同儕審查發表要求的論文。

數學家不習慣這麼激烈的爭議，以及這麼高的知名度。以前也發生過有關作者權和功勞的爭議（其中一次涉及俄羅斯拓樸學家吉凡托〔Alexander Givental〕、丘成桐及他的一名學生，後兩人宣稱已完全證明了吉凡托起頭的一個證明），但是這些爭議從沒蔓延至主流媒體。娜薩和格魯伯採訪的數學家都沒有跟媒體談話的經驗，不像社會學家或甚至醫生。他們看到自己的談話被刊登出來（且大量複製並成為同事的消遣）時，感到駭然。丘成桐找了一位律師[35]，後者寫了一封信給《紐約客》，要求做出修正並道歉，因為這時丘成桐宣稱他從來沒有試圖奪走佩雷爾曼的功勞。這篇文章裡引用過的三位數學家後來寫了道歉函給丘成桐，並允許把這些信貼在不同的網站。安德森是宣稱自己的話遭斷章取義的數學家之一。一年後當我跟他談話時，他極端不願被錄音。他也試圖說服我，與丘成桐有關的爭議遭到不是數學家的人不必要地誇大了。

佩雷爾曼可能並沒有追蹤這些事。他已經置身數學界之外，而且他向來不常上網。但魯克辛卻是搜尋部落格和追蹤連結的專家，他內行地追蹤這個前所未見的數學醜聞。若他曾把這些事告訴佩雷爾曼的話肯定會有一些滿足感，因為這些事證明了他們倆長久以來的懷疑：數學界沒有站起來支持自己人，甚至沒有支持一個百年來帶給數學最大贈禮的人。

美國和甚至全世界的數學界都很小，也非常和平。「這是做為數學家最大的喜悅之一。」摩根在這場爭議發生後一年左右對我說：「在社會學或歷史的領域，事情真的會變得相當政治化。或許這是人們避開這些爭議，希望它們會自動消失的另一個原因。你知道，一旦不同陣營開始交戰，整個部門就會突然爆發。X的支持者跟Y的支持者和反對者失和，這樣對大家都沒有好處。最好能保持愉快的工作環境。只要有少數人了解我們的工作，重視我們的工作就好了。事實上，數學界是彼此尊重、有禮相待的社群。」也就是說，大多數人在大多數時候是如此。在這麼小的社群，他們承受不起毀掉溝通橋梁的後果。以丘成桐的學術地位和一大群在兩大洲擔任教授的門生，他不僅在學術機構舉足輕重，對一個龐大且充滿活力的智識圈來說也是中心人物，若被排拒在這個智識圈之外，對大多數數學家都會是重大損失。

當代西方的數學界就像一家公司，儘管是很小的一家：它可以保護自己人不受外在世界的傷害，同時必須在和平、合作與溝通的基礎上才能正常運轉。但是一家很小的公司有時就像一個家庭，必須為了共同的過往，也為了相互依賴而犧牲理想與原則。除了母親之外，佩雷爾曼不怎麼需要家人，就像他不怎麼需要公司一樣。基本上他兩個都不了解，而他不喜歡處理自己不了解的事物。事實上，他拒絕處理它們。

二〇〇六年夏天，事情一發不可收拾前一年左右，國際數學家大會議程委員會寄了一封信給佩雷爾曼，邀請他到馬德里的大會上演講。議程委員會和獎章委員會各自獨立運作；大會召開之前，兩個委員會的成員各自保密，只有公布主席的姓名而已。佩雷爾曼對這封信和後續的其他信件都沒有回應。於是一名委員會代表致電基斯亞科夫——當時佩雷爾曼仍在斯捷克洛夫數學研究所任職，基斯亞科夫打電話到他家給他。佩雷爾曼解釋說，他之所以沒有回信，正是因為委員會成員的姓名保密。他說他不會跟陰謀打交道。

基斯亞科夫把佩雷爾曼的理由傳達給委員會，他們旋即寄出另一封信，這次公布了委員會成員的姓名。佩雷爾曼再度沒有回應；該委員會再次請基斯亞科夫介入，而這位研究所所長也再度打電話到佩雷爾曼家。佩雷爾曼解釋說，該委員會透露得太少也太晚——他不會再進一步討論這件事。

佩雷爾曼拒絕跟議程委員會往來，相當於拒絕到大會上演講，這對國際數學家大會的主辦者來說幾乎是讓人精力耗弱的打擊。龐加萊猜想顯然會是這次大會的主題。同時，費爾茲獎委員會已經決定把佩雷爾曼列為得獎人之一。費爾茲獎常被稱為數學界的諾貝爾獎（事實上，諾貝爾獎沒有數學獎這一項），而且每四年頒發給兩到四位四十歲或以下的數學家。佩雷爾曼會在大會前滿四十歲，意味著這是他符合得獎資格的最後一年。雖然到了二〇〇五年夏天，拓樸學家之間已經形成共識，認為佩雷爾曼的確已證明龐加萊猜想（而該委員會已知道這個共識，因為齊格是其成員之一），但最後的確認還沒出爐。克萊納和洛特、摩根和田剛還沒有完成研究證明的工作，所以沒有人能保證佩雷爾曼的證明絕對不會有重大缺陷（或甚至如丘成桐的暗示，有致命缺陷）。費爾茲獎委員會寫了一封措詞謹慎的邀請函給佩雷爾曼，希望他接受費爾茲獎[36]——但這封邀請函跟一年後的新聞稿很像，沒有明言佩雷爾曼已經證明龐加萊猜想。

費爾茲獎得主名單在國際數學家大會上宣布前，一般不會透露給任何人知道，包括得獎人在內。然而，得獎人很自然地通常會出席這個大會，而且已經安排為演講人。但佩雷爾曼拒絕演講，因此才需要特別發出邀請函。現在想想佩雷爾曼的反應。在他做出這一切貢獻後，這就是數學界能提供他的？跟另外三位數學家一起獲得肯定，他們任一人的成就都沒有證明龐加萊猜想來得重要？此外，這項認可的措詞還特別審慎，以免將他已做到的事歸功於他！若說佩雷爾曼曾在數學上看到政治最糟糕的一面，肯定就是這一刻。

為了確保佩雷爾曼會同意與會並接受頒獎，費爾茲獎委員會派遣主席，亦即國際數學聯盟會長暨牛津大學教授鮑爾爵士（Sir John Ball）前往聖彼得堡。這是一次前所未見的任務，但在當時，他們沒遇過解決像龐加萊猜想這麼難的數學題，也沒有遇過像佩雷爾曼這麼棘手的得獎人。在佩雷爾曼預定該領獎的前一週，他和鮑爾在聖彼得堡會議中心談了數小時。佩雷爾曼不願領獎。鮑爾提出幾個替代方法，包括把獎寄到聖彼得堡——數十年前當蘇聯數學家不得前往國際數學家大會時就是採取這個做法，只要能實際送達，就算是在頒獎後送達也沒關係——但佩雷爾曼仍然拒絕領獎。

八月二十二日，在馬德里的國際數學家大會開幕典禮中，鮑爾宣布四名費爾茲獎得主的名字，分別是普林斯頓的俄羅斯數學家歐克恩科夫（Andrei Okounkov）、佩雷爾曼、現任職於加州大學洛杉磯分校的前澳洲神童陶哲軒（Terence Tao），以及法國數學家沃納（Wendelin Werner）。在鮑爾的名單上，得獎人是依首字母的先後順序排列，因此佩雷爾曼列在第二位。「一名費爾茲獎得主是聖彼得堡的格里高利．佩雷爾曼，因為他對幾何學的卓著貢獻，以及他對瑞奇流的分析與幾何結構提出革命性的洞見。」鮑爾說：「我很遺憾，佩雷爾曼博士已經拒絕領獎。」〔37〕

《紐約客》的記者在同年夏天稍早的時候採訪佩雷爾曼時，佩雷爾曼曾告訴他們，迫使他完全脫離數學界的，正是被列為費爾茲獎得主這件事的前景：他正變得太過醒目，被綁到聚光燈下。這時他有可能是試圖在事後提出一些理由：他在二〇〇五年十二月初辭掉斯捷克洛夫數學研究所的工作，宣稱他即將完全放棄數學，當時儘管他很有可能獲得費爾茲獎，但這個獎還不是討論的主題。「某種程度上，你可以說他絕對是按照自己的原則生活的人。」將近兩年後，齊格對我說：「但他對自己的動機肯定沒有完全坦白，特別是我相信他是相當情緒化的人。而且他運用強大的心智在事實發生後解釋自己的情緒。」

費爾茲獎這件事的風波，似乎已經使齊格對這位年紀比他小的優秀同事失去了耐心。「這就像他超越這一切，或許數學家普遍都有點問題。」齊格努力地遣字用詞，不想冒犯佩雷爾曼，以免日後他讀到這本書，儘管機率微乎其微。「他的行為原本應該再純正不過，但最後造成的效果卻是把注意力都聚焦到他身上——不僅僅是因為他所完成的成就極其重要，也因為他的行為自相矛盾。相對來看，所有其他的費爾茲獎得主反倒不引人注目。」

若說費爾茲獎這件事對佩雷爾曼是一種侮辱，部分原因在於他必須跟另外三位數學家分享他覺得應該只屬於他的榮耀的話，拒絕領這個獎絕對可以使他變得與眾不同。一九九六年佩雷爾曼拒絕領取歐洲數學學會的獎項時，曾令維席克感到受傷，如今這件事更讓不少他的同事覺得受到輕視和侮辱，或至少有受到誤解或困惑的感覺。只有葛羅莫夫宣稱完全了解佩雷爾曼的理由，並且全力支持他。

「當他接到委員會邀請他去演講的信時，他說他不會跟任何委員會談。」葛羅莫夫對我細說：「這麼做絕對正確！世上有各種各樣我們不應接受卻接受了的事。而且只有從數學家普遍因循守舊的特質來看，他才會顯得極端。」

「但為什麼不該跟委員會談？」我問。

「當然不能跟委員會談！」葛羅莫夫惱怒地高聲說：「我們要跟人談！跟委員會要怎麼談？委員會的成員是誰？裡面搞不好有阿拉法特。」

「但他們把委員會成員的名單寄給他，他仍然拒絕跟他們談。」我反駁說。

「在以那種方式開始後，他不跟他們談是對的。」葛羅莫夫堅決主張：「從數學界的舉動像一台機器的那一刻開始，你就必須停止跟它打交道——就這樣！唯一奇怪的是，不這麼做的數學家更多。這才奇怪！大多數人都滿足於跟委員會說話。他們滿意地到北京，從毛主席手中領獎，或是從西班牙國王手中領獎，這是相同的事。」

我辯稱為什麼西班牙國王不配把獎牌掛到佩雷爾曼的脖子上。

「國王算什麼？」葛羅莫夫現在真的卯起勁來了。「國王跟共產黨員是同樣的廢物。為什麼該由國王來頒獎給數學家？他是誰啊？根本誰都不是。從數學家的觀點來看，他什麼都不是，就跟毛主席一樣，只不過一個是像強盜般攫取權力，另一個是從他父親手中得到。沒有差別。」葛羅莫夫解釋說，跟這些人對照之下，佩雷爾曼是真正做出了貢獻。

訪談過葛羅莫夫後，我在巴黎跟轉型為科學史家的法國數學家康托爾（Jean-Michel Kantor）散步。我們是在一場數學與哲學會議上認識的。他是典型的法國知識分子，身材矮小，不修邊幅，在我們散完步後，還得趕著去參加一個以知識分子為讀者的書評期刊所舉行的編輯會議。我們散步時，他批評葛羅莫夫說，這位幾何學家在法國數學陷入深淵時坐視不管：現在數學機構會印製募款簡冊，露骨地要求對數學論述沒有任何貢獻的金錢。教授厚顏地開始商議薪資，甚至根據報酬來制定計畫。他們對科學的熱愛，還有為數學的共同理由而犧牲物質享受的意志到哪裡去了？

康托爾所描述的是法國數學的美國化現象。我覺得他的觀點非常寶貴，因為他認為數學機構以金錢為中心、以行銷為導向的訊息令人無法忍受，而不是像在美國一樣，認為這些事是明顯且一般可預期的。對這樣的人來說（對葛羅莫夫這樣的人也是，葛羅莫夫對於他變成奉行資本主義的盲從者這種批評似乎頗敏感），忽視金錢、厭惡機構的佩雷爾曼，看來很像數學家的柏拉圖理想。

二〇〇六年，國際數學家大會在佩雷爾曼缺席的情況下召開。洛特就佩雷爾曼的職業生涯及其證明的歷程做了報告[38]，而不是如往常的做法一樣表示頌揚。兩小時後，漢米爾頓主持了關於龐加萊猜想的討論。[39]節目單上關於這項討論的告示，據推測可能是由漢米爾頓提出，內容以很有技巧的方式分配功勞：它說，這個解的綱領是由漢米爾頓和丘成桐所發明，然後佩雷爾曼在採用後提供了解答的重要部分並「宣告此綱領完成」，曹朱兩人的論文使之圓滿結束，漢米爾頓稱之為「完整的說明」（a full exposition）。[40]這樣的措詞並沒有指出曹朱對這項證明有功，但同樣也沒有明述佩雷爾曼有──只是佩雷爾曼自己相信有。然而，在馬德里的現場討論期間，漢米爾頓講到佩雷爾曼時就跟往常一樣親切。一名與會者記得漢米爾頓說，起初聽到佩雷爾曼用他的瑞奇流綱領解決並完成這個問題時，他並不相信，但仔細檢視後，他看出佩雷爾曼是對的。「他表達的是真正的欽佩。」齊格回憶說：「從他最初的反應是『這傢伙肯定瘋了！』來看，更是如此。」

到了大會快結束時，國際數學界已經完全接受多數拓樸學家的立場：佩雷爾曼已經完成龐加萊猜想的證明。克雷數學研究所現在會以國際數學家大會為起算點，開始為百萬美元大獎倒數計時。[41]

在接下來的秋天，當一份PDF文件檔在數學家之間傳開後[42]，殘留一些關於曹朱應獲得最終功績的想法靜靜地銷聲匿跡。這份文件左欄列出的摘錄，取自克萊納和洛特對於佩雷爾曼在二〇〇三年貼在網路上的第一篇預印本所做的筆記；右欄包含取自曹朱之後所寫的論文的摘錄。兩欄有相當多段落看來是逐字吻合的。在交給《亞洲數學期刊》刊登的一份勘誤中，曹朱兩人宣稱當時忘了在三年前曾經把這些內容抄錄至他們的筆記中。[43]十二月初，他們在 arXiv 上貼了一份修改過的版本，這次的標題是〈龐加萊猜想與幾何化猜想的漢米爾頓—佩雷爾曼證明〉（Hamilton-Perelman's Proof of the Poincaré Conjecture and the Geometrization Conjecture），摘要中不再宣稱是給了完全的證明或「封頂」。現在這段摘要讀起來反倒幾乎像是悔恨：「在本文中，我們是對瑞奇流及其於三維流形幾何化上的應用，就漢米爾頓奠定的基礎研究工作及最近佩雷爾曼的突破，提供基本上自成體系又詳細的解釋。特別是我們對由漢米爾頓和佩雷爾曼所做的龐加萊猜想完全證明，提供了詳盡闡述。」〔44〕

繼國際數學家大會和《紐約客》的文章之後，狂亂狀態在可能對佩雷爾曼傷害最深的地方爆發：俄羅斯媒體。各種各樣報刊的記者，包括發行量超過百萬份的小報，開始不停地打電話。在一些日子裡，239號學校似乎接連不斷地舉行記者會。佩雷爾曼以前的老師針對他的思想健全及其與數學界的關係，發表了他們的觀點。俄羅斯收視普及率達百分之九十八的「一號頻道」（Channel 1）報導說，佩雷爾曼已經拒絕領取百萬美元大獎。〔45〕239號學校校長葉菲莫娃告訴一份小報，佩雷爾曼沒有參加西班牙的國際數學家大會，因為他沒有錢買機票。〔46〕他以前的數學教練阿布拉莫夫在莫斯科一份知識分子閱讀的週刊上表示，「佩雷爾曼並不神祕」，失敗的是俄羅斯學術機構無法肯定他的成就。〔47〕一號頻道打電話到佩雷爾曼家並播出談話內容，談話中佩雷爾曼說他不再做數學，而且自從離開斯捷克洛夫數學研究所後就沒再做過。「你可以說現在我在做自我教育。」他說道：「我不能預測我未來要做什麼。」〔48〕一號頻道一個小報風格脫口秀節目的一名攝影人員闖入他的公寓，把他母親從攝影機前推開，以便拍攝一張沒有整理的床。民眾開始在街上和歌劇院認出他；佩雷爾曼開始否認他是格里高利．佩雷爾曼。陌生人會用手機拍他的照片，貼在網路上。

政客也加入這股瘋狂的熱潮。聖彼得堡市議會考慮在佩雷爾曼與母親同住的公寓外派駐警衛。看來似乎每一個人都想給他錢。一名內閣成員要求跟佩雷爾曼談話。對這種種一切，佩雷爾曼根本不想參與。他一些已經年邁的老師在受人尊敬的強權人士要求下，同意擔任中間人並打電話給佩雷爾曼。結果他對他們罵粗話，這些老師不願重複內容。他們只說他的行為無禮，非常無禮。有一次，莫斯科一個與魯克辛合作的私人基金會提出一項計畫，想贈送他母親一筆錢，做為她養育天才兒子的獎勵。佩雷爾曼無意中聽到母親講電話，立刻怒吼著從她手中搶走電話。這個一度溫順、行為端正的猶太男孩在被逼入困境後，已經變成家中的暴君。如果這世界不尊重他選擇的隱遁，他會把世界、而且是整個世界視為敵人。

一年後，當我請魯克辛把摩根和田剛的新書拿給佩雷爾曼時，他面露難色地說，上次他試圖把一位外國欽慕者的禮物交給佩雷爾曼，結果佩雷爾曼把那張古典音樂CD扔回他頭上。

註釋

1 Sylvia Nasar and David Gruber, "Manifold Destiny: A Legendary Problem and the Battle Over Who Solved It," *New Yorker*, August 28, 2006.

2 魯克辛，作者訪談，聖彼得堡，二〇〇七年十月十七日和十月二十三日及二〇〇八年二月十三日。

3 蘇達科夫，作者訪談，耶路撒冷，二〇〇七年十二月三十一日。

4 V. Ye. Kogan, "Preodoleniye: Nekontaktniy rebyonok v semye," http://www.autism.ru/read.asp?id=29&vol=2000, accessed March 3, 2008. Tony Attwood, in *The Complete Guide to Asperger's Syndrome* (London: Jessica Kingsley Publishers, 2006),36 將這名精神病學家誤認為蘇查瑞娃（Ewa Ssucharewa）。

5 Attwood, 13.

6 拜倫—科恩，作者電話訪談，二〇〇八年二月十八日。

7 Simon Baron-Cohen, *The Essential Difference: Male and Female Brains and the Truth about Autism* (New York: Basic Books, 2003).

8 Simon Baron-Cohen, Sally Wheelwright, Amy Burtenshaw, and Esther Hobson, "Mathematical Talent Is Linked to Autism," *Human Nature* 18, no. 2 (June 2007): 125-3l.

9 Simon Baron-Cohen, Sally Wheelwright, Richard Skinner, Joanne Martin, and Emma Clubley, "The Autism-Spectrum Quotient (AQ)," *Journal of Autism and Developmental Disorders* 31 (2001): 5-17.

10 Lev Pontryagin, *Zhizneopisaniye Lva Semenovicha Pontryagina. matematika, sostavlennoye im samim* (Moscow: Komkniga, 2006), 22.

11 阿布拉莫夫，作者訪談，莫斯科，二〇〇七年十二月五日。

12 同前。

13 Simon Baron-Cohen, Alan M. Leslie, and Uta Frith, "Does the Autistic Child Have a 'Theory of Mind'?" *Cognition* 21 (1985): 37-46.

14 Attwood, 115-16.

15 同前，118。

16 "Yesenin-Volpin Alexander Sergeevich," *Novoye zerkalo hronosa*, http://www.hrono.ru/biograf/bio_we/volpin.html, accessed February 23, 2008.

17 溫納（Michelle G. Winner），加州聖荷西社會思考中心（Center for Social Thinking）創辦人暨主任，作者電話訪談，二〇〇八年二月一日。

18 薇瑞夏基娜（Yelena Vereshchagina），作者訪談，聖彼得堡，二〇〇八年二月十三日。

19 Francesca Happé and Uta Frith, "The Weak Coherence Account: Detail-Focused Cognitive Style in Autism Spectrum Disorders," *Journal of Autism and Developmental Disorders* 36 (January 2006): 5-25.

20 Henri Poincaré, *Science and Method*, trans. Frances Maitland, unabridged republication of the 1914 edition (Mineola, NY: Dover Publications, 2003), 17.

21 Attwood, 92.

22 John Elder Robison, *Look Me in the Eye: My Life with Asperger's* (New York: Crown, 2007).

23 佩雷爾曼在斯捷克洛夫最後幾年的生活主要描述自基斯亞科夫，斯捷克洛夫數學研究所所長，作者訪談，聖彼得堡，二〇〇八年四月二十一日。

24 雅柯勒維娜（Tamara Yakovlevna），斯捷克洛夫數學研究所會計員，作者訪談，聖彼得堡，二〇〇八年四月二十二日。

25 Huai-Dong Cao and Xi-Ping Zhu, "A Complete Proof of the Poincaré and Geometrization Conjectures — Application of the Hamilton-Perelman Theory of the Ricci Flow," *Asian Journal of Mathematics* 10, no. 2 (June 2006): 165-492.

26 Dana Mackenzie, "Mathematics World Abuzz Over Possible Poincaré Proof," *Science*, April 18, 2003.

27 Nasar, Gruber.

28 Nasar, Gruber; George Szpiro, *Poincaré's Prize: The Hundred-Year Quest to Solve One of Math's Greatest Puzzles* (New York: Dutton, 2007), 238.

29 Shing-Tung Yau, "Structure of Three-Manifolds—Poincaré and Geometrization Conjectures," http://doctoryau.com/papers/yau_

poincare.pdf, accessed October 4, 2008. 出版日期出自http://www.mcm.ac.cn/Active/yau_new.pdf。

30 歷經諸多批評後，丘成桐在致美國數學學會通訊的一封信中描述此過程，文中表示他單方審查並核准該文在其期刊發表。Shing-Tung Yau, "The Proof of the Poincaré Conjecture," *Notices of the AMS*, April 2007, 472-73, http://www.ams.org/notices/200704/commentary-web.pdf, accessed June 13, 2009.

31 Bruce Kleiner and John Lott, "Notes on Perelman's Papers," http://arxiv.org/PS_cache/math/pdf/0605/0605667v2.pdf, accessed October 4, 2008.

32 http://www.icm2006.org/dailynews/fields_perelman_info_en.pdf, accessed October 4 ,2008.

33 蓋爾范德，作者訪談，普羅維登斯（Providence），羅德島州，二〇〇七年十一月九日。

34 *ICM 2006 Daily News*, Madrid, August 29, 2006.

35 "Harvard Math Professor Alleges Defamation by *New Yorker* Article; Demands Correction," press release, September 18, 2006, www.doctoryau.com, accessed September 9, 2008.

36 齊格，紐約大學教授，作者訪談，紐約市，二〇〇八年四月一日。

37 二〇〇六年國際數學家大會開幕典禮，http://www.icm2006.org/proceedings/Vol_I/2.pdf, accessed September 11, 2008。

38 John Lott, "The Work of Grigory Perelman," talk at the 2006 ICM, http://www.icm2006.org/v_f/AbsDef/ts/Lottlight-GP.pdf, accessed September 11, 2008.

39 二〇〇六年國際數學家大會議程，http://www.icm2006.org/v_f/fr_Resultat_Cos.php?Titol=O, accessed September 12, 2008。

40 同前。

41 卡爾森，作者訪談，波士頓，二〇〇七年八月二十七日。

42 http://www.cds.caltech.edu/~nair/pdfs/CaoZhu_plagiarism.pdf, accessed September 12, 2008.

43 Denis Overby, "The Emperor of Math," *New York Times*, October 17, 2006.

44 Huai-Dong Cao and Xi-Ping Zhu, "Hamilton-Perelman's Proof of the Poincaré Conjecture and the Geometrization Conjecture," http://arxiv.org/PS_cache/math/pdf/0612/0612069v1.pdf, accessed September 12, 2008.

45 "Rossiyskiy matematik razgadal zagadku, kotoraya muchayet uchenykh uzhe 100 let"，電視廣播抄本，http://www.1tv.ru/owa/win/ort6_main.print_version?p_news_title_id=92602, accessed September 12, 2008。

46 "Perelman igraet v pryatki," *MK v Pitere*, August 30, 2006, http://www.mk-piter.ru/2006/08/31/022/, accessed September 12, 2008.

47 Alexander Abramov, "Zagadki Perelmana net," *Moskovskiye Novosti*, September 1, 2006.

48 http://www.youtube.com/watch?v=jG-DGAdughs, accessed September 12, 2008.

第十一章　百萬美元問題

卡爾森唸小學時覺得算術單調乏味，所以總是心不在焉。〔1〕他母親不得不用閃視卡片教他，以免他不及格。卡爾森唸高三時，他的數學老師遞給他一張用打字機打好字的紙，要他到教室後面去。那張紙上列了十二本這位老師認為卡爾森可能感興趣的數學書籍，他可以在教室後面依自己的時間來唸，只要他把其他功課也做好。書單上包括庫朗與羅賓斯的經典著作《數學是什麼？》（*What Is Mathematics?*），卡爾森在書中第一次讀到無理數等概念。他在一九六三年進入愛達荷大學時，打算主修物理學或心理學。他從沒修過心理學的課，物理學的情況好一點，但大二時他已經在做研究所程度的數學研究。

一九七一年，卡爾森在普林斯頓拿到博士學位，曾任教史丹福和布蘭迪斯大學，後來在猶他大學安頓下來，待了二十五年，最後成為數學系系主任。然後他到麻薩諸塞州劍橋市接掌克雷數學研究所。他接受這份工作的原因眾多，包括時程安排適合他個人的情況，但它的使命更獲得他認同。他的工作是促進數學，包括確保兒童和青少年能以比他順利的方式接觸數學——至少不像他得在數學教室後面自己看書。從某種意義上來說，他必須賦予美國數學一些俄羅斯數學的特質，亦即榮耀與有效率的制度化。他手中能用來推廣數學的工具之一，就是抱負遠大且資金極度豐沛的千禧年大獎計畫。其實卡爾森並沒有想到會用到那筆錢，他以為不會有任何一道千禧年難題在他有生之年真的解決。

卡爾森在二〇〇四年夏天就任克雷數學研究所所長，而最終會圍繞著佩雷爾曼的證明及百萬美元大獎的爭議，就是在那時候開始醞釀。我長久以來一直覺得，要成為這樣的人，做這樣的工作，卡爾森肯定得克服極度內向的個性。卡爾森說話溫和，客氣內向，極度禮貌，是最不可能會成為爭議中心的人。碰巧的是，他開始擔任克雷數學研究所所長的永久職位時，所知還不足以預料到這個獎最終會成為媒體風暴的中心。「我聽到〔關於佩雷爾曼的預印本〕那些報導。」卡爾森在跟我談話時回憶說：「我真的記得當時還在想：『我的天，如果真能找到龐加萊猜想的解，這不是很棒嗎？』然後，我當然也想到千禧年大獎。然後當然又想到這不是棒透了？這絕對會是我這一生中唯一一次看到人領獎。但你知道，人真的無法未卜先知。我把它比喻為地震：當地震發生時，你必會知道。或許你可以說壓力一直在岩石裡累積，但至今還沒有人能夠成功地預測地震。也沒有人知道什麼時候會有人找到突破的構想，最終獲得解答。」

卡爾森接掌克雷數學研究所的兩個月前就是這麼想的。他知道佩雷爾曼已經在 arXiv 上貼出預印本，這種做法在現在並不是罕見的情況；許多數學家會在把文章交給期刊後，旋即開始貼文章，以便在同儕審查過程結束前先激發數學討論。但是佩雷爾曼顯然還沒有把他的論文交給任何期刊，也毫無意圖這麼做。千禧年大獎原本看來平靜無波、不證自明的情況，正逐漸朝潛在的障礙發展。

卡爾森得體嫻熟地掌握著千禧年大獎的方向，贊助針對佩雷爾曼的證明所召開的研討會，也贊助克萊納和洛特及摩根和田剛解釋這項證明的工作。他在跟我談話時，把佩雷爾曼的工作比喻為一道「讓你能穿過森林的閃光」。想當然耳，「一定會有許多工作待做，你得砍掉許多樹，爬過一些大圓石之類的東西，但真正困難的是要先找到那條新路。如果你找不到它，無論你做了多少工作，都是徒勞無功。而這正是佩雷爾曼做到的事」。那些寫出闡釋的人所做的計畫，跟原解答相比，價值顯然低得多，而這也令卡爾森欽佩不已——不僅是對這些數學家，同時也是對數學體系，因為這個體系就這麼開始致力於佩雷爾曼產生的特殊情況，投入他的證明所需的檢驗與解釋。

卡爾森打開他的MacBook Air筆記型電腦，大聲讀一段讓他印象特別深刻的段落，它出自克萊納和洛特針對佩雷爾曼的證明所出版的筆記：「就是這裡。『我們沒有發現嚴重的問題，意指用佩雷爾曼引進的方法無法修正的問題。』我覺得這非常精確地陳述了所發生的事。你知道，要做非常大量的工作才能確保這是正確且完全的。但關鍵在於沒有『嚴重的問題，意指用佩雷爾曼引進的方法無法修正的問題』。而這當中有許多方法與構想。要讓一般民眾了解這些很難，但我希望妳在寫妳的書時能做到這一點。」換句話說，他希望我能說佩雷爾曼是這項證明毫無爭議的作者，克萊納和洛特則以卡爾森非常欽佩的方式證實了這一點。

隨著曹朱兩人的論文，再加上數學界不熟悉的媒體焦點，在國際數學家大會於馬德里舉行前的幾個月，氣氛特別令人焦躁。但國際數學家大會看來是解決了問題，而在二〇〇六年秋季出現的剩竊證據，使作者權的議題變得完全無關緊要。接著摩根和田剛出版了解釋佩雷爾曼證明的著作；克雷數學研究所根據千禧年大獎的規定，開始起算兩年的等待期。等待期結束時，它會指派一個委員會，而該委員會最晚將在二〇〇九年秋季提出推薦。除非有關於這項證明的錯誤出現，或有其他無法預見或極度不可能發生的災難，否則這個委員會將推薦把百萬美元大獎頒給佩雷爾曼。接下來只剩一個問題：然後呢？

若佩雷爾曼對獎金、獎項和榮譽的推論是一致的，那麼如果克雷百萬大獎是頒給他，他有可能接受。畢竟，他拒絕歐洲數學學會的獎項時所陳述的理由在於，那等於頒獎給他自認為還沒完成的工作。這類理由將不適用於龐加萊猜想的證明。不僅其他數學家認為它是完全的，佩雷爾曼本人明顯也相信他的工作已經完成。儘管他並沒有清楚陳述原因，但他拒絕費爾茲獎的理由似乎有兩個：第一，他不再視自己為數學家，因此不會接受這個以鼓勵處於職業發展中期的研究者為宗旨的獎；第二，他不想與國際數學家大會有任何牽扯，因為它附帶著知名度、演講、典禮，還有西班牙國王。

然而，克雷大獎的目的在於獎勵特殊的成就；它沒有規定領獎人以後必須繼續研究數學，也沒有要求參加任何典禮。它是一個由數學家授予另一名數學家的榮譽，沒有附帶任何跟數學無關的責任。此外，它跟歐洲數學獎及費爾茲獎還有一個重要差別：它代表的是肯定佩雷爾曼單一非凡的成就。他不會跟任何其他無論是現在或過去的領獎人相提並論——事實上，今日的人可能在有生之年看不到另一個千禧大獎的頒發。

「我想他可能有個計畫。」佩雷爾曼的前奧林匹亞教練阿布拉莫夫告訴我：「他可能已經決定如果獲頒克雷大獎的話，他會接受，因為這象徵完全的肯定，然後他可以過任何想過的生活，不需依靠任何人。」阿布拉莫夫停頓了一下。「但你知道，這只是因為對他這件事，總得設想一個合理的假設。」也就是說，他們必須為佩雷爾曼設想快樂的結局，否則只要是關心他的人，可能都會替他擔憂，阿布拉莫夫就是其中之一。「我怕這種情況最後會有不好的結局。」他說道：「他太有才華，也太孤單。」在佩雷爾曼以粗暴的語氣講電話後，阿布拉莫夫也是放棄再打電話給他的人之一。先前，阿布拉莫夫偶而會打電話，提供精神和財務上的支持。例如他曾經建議佩雷爾曼，如果他不想領任何獎金的話，可以替《量子》雜誌（*Kvant*）撰文並收取稿費；《量子》雜誌是由柯莫哥洛夫創立的科普雜誌，當時的編輯正是阿布拉莫夫。但佩雷爾曼拒絕了所有提議，包括阿布拉莫夫的友誼。「他告訴我，」阿布拉莫夫回憶說：「他的原則之一是『沒有人應該強迫別人接受友誼』。於是我問他，他是否知道柯莫哥洛夫和亞歷山德羅夫的友誼故事，他突然對這個話題產生興趣，而我們談了這件事大約十分鐘。他對柯莫哥洛夫掌摑盧津的事最感興趣。」柯莫哥洛夫打他和亞歷山德羅夫以前的老師盧津，因為盧津沒有按承諾投票把亞歷山德羅夫送進科學院。阿布拉莫夫很高興找到跟前學生共同感興趣的話題，於是提議寄一本柯莫哥洛夫和亞歷山德羅夫的書給他。「我現在什麼都不讀。」佩雷爾曼說，這是他用來拒絕所有贈書提議（包括論述他自己的證明的書）的藉口。阿布拉莫夫仍覺得他從跟佩雷爾曼的交談中看到一些希望：「至少他還沒有對所有事物都失去興趣。」但我倒有不同的詮釋。接下來佩雷爾曼似乎終於準備結束除了母親以外僅餘密切的私人關係，也就是魯克辛。在二〇〇八年冬天或春天的某個時間，佩雷爾曼切斷了與這位前老師的所有聯繫。

但在佩雷爾曼不再跟魯克辛說話以前，兩人曾花了一些時間談百萬美元大獎的事，顯然還一起設想出處理方法。他們認為克雷數學研究所跟數學界的其他人一樣背叛了佩雷爾曼。魯克辛甚至對我提及，克雷數學研究所在這段期間改變了規則，引進同儕審查的出版要求及兩年的等候期，以便延後將獎金頒給佩雷爾曼，或甚至避免把獎頒給他。事實上，自二〇〇〇年制定克雷千禧大獎後，沒有任何證據指出它的規則做過任何改變。其實身處卡爾森的位置的人，可能會希望能設法延後決定，以避開其後可能無法說服佩雷爾曼領獎的窘境，還有伴隨這個獎而來令人不安的知名度。這一連串事件肯定不會是克雷夫婦原先所設想、能夠彰顯數學成就與榮耀的故事，而且儘管它能實現吸引民眾注意數學的既定目標，卻絕不會是能啟發大批年輕人以數學為職志的童話。卡爾森或許也曾希望延後航經這片危險海域的時間，但是沒有證據顯示他這麼做了。事實上，他在權限所及範圍內盡力加速這個過程，主要是想協助確認佩雷爾曼的成就，以實現他的重大使命，但也有一點是希望能見見佩雷爾曼本人。

二〇〇八年春天，卡爾森計畫到歐洲旅行，並且決定繞路去聖彼得堡。當時似乎是不錯的時機：爭議已經平息，對於佩雷爾曼的證明沒有殘留的疑慮，再加上派人（十之八九是卡爾森本人）去請佩雷爾曼接受百萬美元大獎的時候也到了，於是他開始跟佩雷爾曼聯絡。

卡爾森或許希望大致能跟鮑爾一樣，跟佩雷爾曼有一番深入的長談，儘管最後可能徒然無功。他沒有什麼理由期待這次談話會有不同的結果，但他仍然抱著這樣的希望。

卡爾森到聖彼得堡的第一天，就從旅館房間打電話給佩雷爾曼。他先自我介紹，接著解釋克雷大獎的時程安排。他重複了所有佩雷爾曼肯定已經知道的事——文章經同儕審查後必須等待兩年的時間，以及摩根和田剛的書提供了倒數計時的起點。他說委員會可能很快會在二〇〇九年五月確認，然後可能會在二〇〇九年八月時回報。

佩雷爾曼禮貌地傾聽。

當時卡爾森沒有問佩雷爾曼，如果獲獎的話，他是否會接受獎金。「以當時交談進行的方式來看，我覺得不太妥當。」卡爾森對我解釋說。或許是壓抑許久的羞怯終於冒出來，也有可能是卡爾森只想延後這個問題，讓自己能再保有佩雷爾曼可能領獎的渺茫希望一年。「我並沒有門已完全關上的感覺。」卡爾森告訴我。

交談結束時，佩雷爾曼說：「我看不出我們的會面有什麼意義。」

第二天，我在斯捷克洛夫數學研究所找到卡爾森，他正在跟老朋友維席克閒聊。維席克是聖彼得堡數學學會的會長，曾提名佩雷爾曼為歐洲數學學會的受獎人，但後來遭佩雷爾曼拒絕。維席克跟卡爾森在喝茶時，丘成桐的名字突然出現；當時他顯然在舉行一場會議以慶祝五十九歲生日[2]。「我不懂，」維席克咕噥說：「我知道羅塔（Gian-Carlo Rota）曾經舉辦會議來慶祝六十四歲生日，但64是2的6次方，59是什麼呢？一個質數！」[3]這是數學家的八卦。

卡爾森把來訪三天的剩餘時間都用來拜訪數學界的老朋友，在旅館房間裡拉大提琴（這是特殊又高度符合幾何學的旅行模式），或是思考佩雷爾曼和千禧年大獎。他的結論是無論佩雷爾曼的決定為何，克雷大獎都可以用於對數學有益的事情上。事實上，它也做到了。「能跟民眾解釋世上有未解的數學難題是一件好事。」我們到一家名為「白癡」（Idiot）的咖啡廳，在正午時分品嚐有異國風情的伏特加。「令人驚訝的是，很多人不知道這件事。」卡爾森對我說道。

卡爾森坦承說，的確有許多數學家批評以金錢為獎勵的做法太過膚淺；有些人認為這是一種冒犯。他的朋友維席克曾寫過一篇文章〔4〕，正是以這個理由批評克雷千禧大獎。但卡爾森告訴我，許多跟他聊過的大學生想了解這些百萬美元的難題。在某種意義上，圍繞這項大獎所發生的林林總總，多少已經帶來一些出乎預料的好處：「不花錢就讓數學成為矚目焦點，這成就還算不差。」卡爾森自豪地說。佩雷爾曼一直在不知不覺中成為他的共犯：「對這筆錢不感興趣的人，其實更能引起民眾的興趣。」

卡爾森不僅僅裝出勇敢的表情（肯定如此），顯然也彆扭地覺得，他是在促使大家注意一項值得眾所矚目的成就。我跟卡爾森交談時，從來沒有感受到他對佩雷爾曼有絲毫的氣憤，這使得他跟我訪談過的其他數學家稍有不同：卡爾森跟克萊納不同，不需要因為佩雷爾曼的成就而放棄職業上的抱負；他也跟田剛不同，沒有受過佩雷爾曼的輕慢。他不了解佩雷爾曼——或許該說沒有宣稱了解他。一直以來，他對佩雷爾曼只有尊敬。

唯一一個不僅宣稱了解佩雷爾曼，有時幾乎像在代替佩雷爾曼本人講話的人是葛羅莫夫。

「你認為他會接受那一百萬美元嗎？」我問葛羅莫夫。

「我覺得不會。」

「為什麼？」

「他有他的原則。」

「什麼原則？」

「因為從他的觀點來看，克雷什麼都不是，他為什麼要拿他的錢？」

「好吧，克雷是商人，但做決定的是佩雷爾曼的同事。」我反駁說，用了一個在俄語裡同時有「決定」和「解決」之意的字。

「那些同事只是隨著克雷起舞！」現在葛羅莫夫變得大為惱火。「他們在決定﹝解決﹞！他厭惡他們的解決方法！他已經解答這個定理，還有什麼要解的？根本沒有人在解！他已經解答了這個定理。」

註釋

1 卡爾森，作者多次訪談，包括波士頓，二〇〇七年八月二十七日，以及聖彼得堡，二〇〇八年五月二十四日和五月二十五日。

2 “International Conference in Honor of the 59th Birthday of Shing-Tung Yau!” http://qjpam.henu.edu.cn/home.jsp, accessed October 5, 2008.

3 該會議其實是由羅塔的學生籌辦。在羅塔的訃聞中提及，http://www.math.binghamton.edu/zaslav/Nytimes/＋Science/＋Math/＋Obits/rota-mit-obit.html, accessed October 5, 2008。

4 Anatoly Vershik, “What Is Good for Mathematics? Thoughts on the Clay Millennium Prizes,” *Notices of the AMS*, January 2007, http://www.ams.org/notices/200701/comm-vershik.pdf, accessed October 5, 2008.

後記

二〇一〇年六月八日早上十點剛過，就有數百人擠在巴黎海洋學研究所（Institut Océanographique de Paris）前的台階和人行道上。其中有些人甚至是從俄羅斯、美國、澳洲和日本遠道而來，其實他們是要參加在隔壁亨利龐加萊研究所舉辦、有史以來最奇特的頒獎典禮之一，但那裡太小，無法容納這麼多人。

兩個月前，克雷數學研究所終於做了期待已久的宣布，而卡爾森也已致電佩雷爾曼，告知他獲得百萬美元大獎的事。佩雷爾曼態度友善，但明確表示他不會參加在巴黎舉行的典禮。他也沒有予人方便，並未在典禮前表示是否打算領獎。最後，為了慶祝佩雷爾曼的成就及百萬美元大獎首度頒發，克雷數學研究所籌畫了整整兩天的演講，以及在印製的節目表上稱為「某典禮」（The Ceremony. Something）（亦即不確定是何事之意）的盛事，由我們這一代最傑出的一些數學家與會。

第一場演講的主講人是英國數學家阿提雅，在近十年前，他曾於最早的千禧年會議上發表關於龐加萊猜想的演講。當時他已正確地預測，龐加萊猜想的證明必須使用拓樸學以外的工具才能完成。在這次演講中，他是從維度的觀點概述數學史：十九世紀的數學家研究二維，二十世紀的數學家致力於三維，而二十一世紀的數學則將在佩雷爾曼開啟先河的研究下攻克四維。繼阿提雅後，摩根也簡述了龐加萊猜想的歷史。

與會的數學界名人一一上台演講。麥穆倫（Curtis McMullen）詼諧地介紹幾何化猜想，他的最後幾張投影片上還用了兔寶寶、蘑菇和恐龍的圖片，這些圖都代表瑟斯頓提出的八種幾何結構所構成的形狀。麥穆倫特別提到，他曾經聽過佩雷爾曼談話，而且「當時他顯然就已經不會受到一般認可的思考方式影響」，引起在場者一陣輕笑。

瑟斯頓本人說了在場所有數學家都可能說的一句話：「佩雷爾曼設法做到了我做不到的事。」斯梅爾附合這項說法，而以前維護過佩雷爾曼的葛羅莫夫也一樣，並稱佩雷爾曼的研究為本世紀最偉大的成就。證明了費馬最後定理的懷爾斯指出，佩雷爾曼在千禧年難題宣布後這麼快就實際找到解答，令人驚異。懷爾斯是當時唯一跟龐加萊猜想沒有個人關聯的演講人。

這場典禮可說是合乎體統又充滿歡樂的場合。所有演講人都處於最佳狀態：阿提雅的幽默使聽眾不時爆出大笑；麥穆倫的投影片讓聽眾喘不過氣來；瑟斯頓在台上雀躍地四處走動，使勁地做手勢，彷彿觸摸不到他形容的想像形狀。一切看似正常，卻明顯缺少了兩個人：佩雷爾曼和漢米爾頓。

黃昏時，克雷手裡拿著一樣東西走上台：「我萬分榮幸在此頒發這個獎給得獎人。」然後他大聲讀出手中玻璃雕刻上的銘刻——「謹將此千禧年大獎贈予證明龐加萊猜想的格里高利．佩雷爾曼」。然後他把獎座遞給卡爾森，再度將實際遞交這個獎的工作交給他。

* * *

巴黎這場典禮後一週，佩雷爾曼親自致電卡爾森，表示他不會接受這一百萬美元的獎金。克雷數學研究所的委員會現在必須決定如何運用這筆錢來造福數學。根據含蓄的暗示，這筆錢可能以不會令佩雷爾曼感覺受到侮辱的方式運用。在本書完成時，這個問題仍懸而未決。

二〇一一年一月筆

謝辭

我在此特別感謝本書所有消息來源。要描寫一位並不願成為他人寫作對象的人是一件特別的工作，而對於佩雷爾曼的一些朋友和老師來說，要做出跟我談話的決定肯定不容易。尤其是戈洛瓦諾夫、查加勒和魯克辛，他們不遺餘力地讓我了解他們的這個朋友和學生，我希望本書至少能忠實反映出他們的一些看法。我也非常感激卡爾森和蓋爾范德，特別是賈利洛夫（Leonid Dzhalilov），他們確保了本書中有關數學的內容合乎道理。當然，若有任何錯誤，仍是我本人的責任。最後，感謝我的代理人錢妮（Elyse Cheney）及編輯莎勒妲（Becky Saletan）和庫克（Amanda Cook），使本書的品質更上了一層樓。

國家圖書館出版品預行編目資料

消失的天才：完美的數學證明、捨棄的百萬美元大獎，一位破解百年難題的數學家神祕遁逃的故事／瑪莎．葛森（Masha Gessen）著；陳雅雲譯.-- 初版.--臺北市：臉譜，城邦文化出版：家庭傳媒城邦分公司發行，2012.03
面；　公分. --（科普漫遊；FQ2007）
譯自：Perfect Rigor: A Genius and the Mathematical Breakthrough of the Century

ISBN 978-986-235-163-5（平裝）

1.佩雷爾曼（Perelman, Grigory, 1966- ）　2.傳記　3.拓樸學　4.俄國

310.9948　　101000914

科普漫遊 FQ2007

消失的天才

完美的數學證明、捨棄的百萬美元大獎，一位破解百年難題的數學家神祕遁逃的故事

作　　者　瑪莎．葛森（Masha Gessen）
譯　　者　陳雅雲
副總編輯　劉麗真
主　　編　陳逸瑛、顧立平
封面設計　羅心梅

發 行 人　凃玉雲
出　　版　臉譜出版
城邦文化事業股份有限公司
台北市中山區民生東路二段141號5樓
電話：886-2-25007696　傳真：886-2-25001952
發　　行　英屬蓋曼群島商家庭傳媒股份有限公司城邦分公司
台北市中山區民生東路二段141號11樓
客服服務專線：886-2-25007718；25007719
24小時傳真專線：886-2-25001990；25001991
服務時間：週一至週五上午09:30-12:00；下午13:30-17:00
劃撥帳號：19863813　戶名：書虫股份有限公司
讀者服務信箱：service@readingclub.com.tw
香港發行所　城邦（香港）出版集團有限公司
香港灣仔駱克道193號東超商業中心1樓
電話：852-25086231　傳真：852-25789337
E-mail : hkcite@biznetvigator.com
馬新發行所　城邦（馬新）出版集團 Cité (M) Sdn. Bhd. (458372U)
11, Jalan 30D/146, Desa Tasik, Sungai Besi, 57000 Kuala Lumpur, Malaysia
電話：603-90563833　傳真：603-90562833

初版一刷　2012年3月29日

城邦讀書花園
www.cite.com.tw

ISBN 978-986-235-163-5

定價：280元